大模型应用落地
实战AI搜索

吕思 ◎著

机械工业出版社
CHINA MACHINE PRESS

图书在版编目（CIP）数据

大模型应用落地：实战 AI 搜索 / 吕思著. -- 北京：机械工业出版社，2025. 7. --（智能系统与技术丛书）.
ISBN 978-7-111-78758-7

Ⅰ. TP18

中国国家版本馆 CIP 数据核字第 2025A1W264 号

机械工业出版社（北京市百万庄大街 22 号　邮政编码 100037）
策划编辑：高婧雅　　　　　　　　　　　责任编辑：高婧雅
责任校对：孙明慧　张慧敏　景　飞　　　责任印制：李　昂
涿州市京南印刷厂印刷
2025 年 8 月第 1 版第 1 次印刷
186mm×240mm·13.5 印张·298 千字
标准书号：ISBN 978-7-111-78758-7
定价：99.00 元

电话服务　　　　　　　　网络服务
客服电话：010-88361066　　机　工　官　网：www.cmpbook.com
　　　　　010-88379833　　机　工　官　博：weibo.com/cmp1952
　　　　　010-68326294　　金　　书　　网：www.golden-book.com
封底无防伪标均为盗版　机工教育服务网：www.cmpedu.com

前　　言

自 2022 年 ChatGPT 问世以来，大模型技术开启了人工智能应用的新纪元。这项突破性的技术不仅重塑了人机交互方式，还推动了各行业智能化转型的浪潮。然而，当技术从实验室走向真实场景时，我们逐渐认识到大模型在实时性、准确性和成本效益等方面的局限性。特别是在信息检索领域，传统大模型受限于静态训练数据，难以满足用户对时效性、精准性的需求。正是这些挑战，催生了 AI（人工智能）搜索这一创新解决方案——它巧妙融合了大模型的语义理解能力与实时网络检索技术，正在重新定义信息获取的边界。

为什么撰写本书

在过去的 20 年中，搜索引擎经历了从基于关键词匹配的简单算法，到融合机器学习和语义理解的智能搜索系统的演变。然而，随着信息爆炸时代的到来，传统搜索系统逐渐暴露出诸多局限性：对用户意图的理解不够精准、无法有效处理复杂查询、结果呈现缺乏个性化和上下文关联等。这些痛点促使我们不断探索新的技术路径，以实现更高效、更智能的搜索。

自 2023 年开始，大模型的爆发式发展为搜索领域带来了前所未有的变革契机。以 GPT-4、LLaMA、DeepSeek 为代表的模型不仅具备强大的自然语言生成能力，还展现出卓越的推理、规划和多轮对话能力。这些特性使得搜索系统不再局限于"关键词 – 文档"的匹配逻辑，而是能够理解用户的深层需求，提供更具洞察力的答案，并通过交互式的问答过程持续优化搜索结果。这种范式转变标志着搜索正从"被动响应"迈向"主动理解与引导"。正因为如此，AI 搜索正在成为下一代信息获取的核心方式，它也是大模型技术在实际落地中最具代表性的应用场景之一。

相比于传统搜索引擎，AI 搜索不仅能够更精准地理解用户意图，还能结合上下文信息提供连贯、智能的答案。这种能力显著提升了信息检索的精准度与用户体验，重新定义了搜索技术的边界。在传统搜索中，用户往往需要通过关键词匹配来获取信息，而 AI 搜索则通过语义理解和上下文分析，让搜索过程更贴近用户需求，甚至能够主动补充信息、生成内容，展现出前所未有的智能化水平。

然而，理论上的突破并不意味着落地应用的顺畅。尽管许多企业已经开始尝试将大模型引入搜索系统，但在实际部署过程中仍面临诸多挑战。例如，如何高效地将大模型集成到现有的搜索架构中？如何解决模型推理成本高、响应延迟大的问题？如何平衡搜索结果的准确性与多样性？此外，不同行业对搜索功能的需求差异显著，通用的大模型往往难以满足垂直领域的特定场景需求，因此需要结合微调、提示工程、向量检索等多种手段进行定制化开发。

在这样的背景下，本书应运而生。本书从后端系统开发到提示词优化，从大模型的应用到向量存储，再到搜索引擎技术，覆盖 AI 搜索的全栈技术体系。本书旨在深入解析 AI 搜索的核心技术原理，并以循序渐进的方式带领读者搭建完整的 AI 搜索应用。无论是开发者还是技术爱好者，都能通过本书系统学习 AI 搜索的实现方法，掌握从零到一开发大模型应用的能力。

本书特色

聚焦 AI 搜索核心技术：本书围绕 AI 搜索的核心技术展开，包括查询理解、规划执行、答案生成与优化、缓存策略等关键技术，深入讲解每种技术的实现方式，帮助读者构建系统化的知识体系。

结合大模型与工程实践：不同于市面上仅介绍大模型理论或传统搜索原理的书籍，本书将大模型与搜索系统深度融合，探讨如何利用大模型提升搜索质量，并结合 LangChain、Milvus、OpenAI API 等主流技术进行实战开发。

提供完整项目架构与源码解析：本书不仅展示了一个完整的 AI 搜索系统架构，还详细分析了其后端代码结构，涵盖实体、分析器、检索器、生成器、过滤器等核心模块，使读者能够快速上手并进行二次开发。

覆盖多个应用场景与测试用例：本书不仅关注技术实现，还提供了多个典型应用场景（如私人问答、写作创作、学术研究）的测试用例，帮助读者测试 AI 搜索在不同领域的落地成果。

强调性能优化与工程落地难点：除了基础实现外，本书还重点讨论了缓存机制、流式通信、异步调度等优化策略，并分析企业在部署 AI 搜索系统时可能遇到的性能瓶颈与解决方案。

读者对象

本书适合以下几类读者群体阅读。

- AI 工程师与搜索研发人员：希望了解大模型如何赋能搜索系统，并掌握相关技术栈（如 LangChain、Milvus、OpenAI API）的实战技巧。
- 创业者与中小企业的开发者：希望借助本书提供的开源框架与开发指南，快速搭建自己的 AI 搜索产品。
- 高校学生与研究人员：希望系统学习 AI 搜索原理与最新进展，为后续研究打下坚实基础。

对于上述各类读者而言，本书可以帮助你理解当前 AI 搜索的技术格局，掌握最新的开发工具与方法，并最终构建一个稳定、高效、可扩展的 AI 搜索系统。

如何阅读本书

第 1 章分析了大模型面临的变革与挑战，以及它与传统模型的区别、对行业格局的冲击，并通过剖析训练流程揭示当前大模型发展所面临的限制因素，帮助读者理解大模型技术变革与应用的本质。此外，本章还探讨了大模型的落地难点，让读者对大模型有全面认知。

第 2 章系统梳理了 AI 搜索的发展脉络，从早期的关键词匹配到现代的语义理解，逐步揭示了 AI 搜索的必然演进路径，以及 AI 如何赋能搜索系统并推动其未来发展。同时，本章选取了 Lepton Search 作为典型案例，深入分析其后端架构与实现原理，为读者构建了 AI 搜索的初步认知框架。

第 3 章全面解析了 AI 搜索的核心技术，涵盖查询理解、规划执行、答案内容优化以及答案缓存优化等，旨在帮助读者深入理解 AI 搜索系统的内部运作机制，全面掌握相关技术的应用与实现。

第 4 章详细介绍 AI 搜索开发所涉及的主要技术栈，包括 OpenAI API、DeepSeek 模型、Milvus 向量数据库、LangChain 框架等。通过实例演示，指导读者如何配置环境、调用 API、构建本地知识库，并掌握 LangChain 的高级用法。

第 5 章进入系统设计阶段，讲解如何从零开始构建一个 AI 搜索系统的后端架构。内容涵盖技术方案设计、后端基础框架构建，为后续功能开发打好基础。

第 6 章围绕 AI 搜索系统的五大核心模块（实体、分析器、检索器、生成器、过滤器）展开，详细说明每个模块的功能定位与代码实现，以构建一个结构清晰、职责分明的 AI 搜索引擎内核。

第 7 章聚焦于 AI 搜索系统的自动化调度机制，介绍动作类的定义与实现，并构建调度器模块，确保搜索任务能够按照既定规则自动流转与执行，提升系统的智能化水平。

第 8 章是 AI 搜索系统的应用功能实现与场景测试部分，详细讲解 DAO 操作层、

Service 逻辑层、Controller 接口层的开发流程，并提供多个接口实现示例。最后通过私人问答、写作创作、学术研究场景的测试，验证整个系统的实现效果。

勘误与支持

虽然笔者尽最大努力确保内容准确无误，但难免存在疏漏。如果你在阅读过程中发现任何问题，欢迎通过 wgraper@163.com 邮箱与我联系。

致谢

撰写本书是一段充满挑战却又收获颇丰的旅程。在这一过程中，我深深感受到来自身边许多人的支持与鼓励。正是有了他们的支持与帮助，我才得以顺利完成这本书。在此，谨向所有给予我关心与支持的人致以最诚挚的感谢。

我的妻子是我这段写作旅程中最坚定的支持者。她以无尽的耐心与关爱，陪伴我度过无数个伏案写作的日夜。在我专注于创作时，她默默承担了许多家庭琐事；在我遇到瓶颈、思路受阻时，她总能给予我鼓励与力量。她的理解与包容，让我能够心无旁骛地投入写作，完成这项艰巨的任务。

其他家人的支持同样不可或缺。他们用无条件的关怀为我营造了一个温暖而稳定的环境，使我能全身心投入到书籍的创作之中。无论是生活上的照顾，还是精神上的鼓励，他们的陪伴始终给予我前行的动力和信心。

在技术探索的过程中，我也得到了许多朋友的帮助。他们不仅提供了专业的建议，还参与了深入的讨论，让我受益匪浅。这些交流不仅丰富了书中的内容，也促使我对 AI 搜索技术有了更加全面、深刻的理解。

读者的关注与支持，是我坚持创作的最大动力。大家的信任与期待给予了我无限的信心与热情。希望这本书能够为大家带来启发与帮助，愿我们在未来的技术探索之路上共同成长、一起进步。

最后，再次感谢所有曾在这段旅程中给予我支持与鼓励的人。正是因为有大家的陪伴，这一切才如此有意义。

目　录

前言

第 1 章　大模型技术分析与落地难点 ………… 1

1.1 大模型技术分析 ………… 1
 1.1.1 变革与挑战共存 ………… 1
 1.1.2 与传统模型的区别 ………… 2
 1.1.3 对行业格局的冲击 ………… 3
 1.1.4 从训练流程看发展的限制因素 ………… 4
1.2 落地难点 ………… 5

第 2 章　AI 搜索历程与原理初探 ………… 7

2.1 AI 搜索发展的历程 ………… 7
 2.1.1 搜索的智能化趋势 ………… 7
 2.1.2 AI 如何赋能传统搜索 ………… 10
 2.1.3 AI 搜索的未来发展方向 ………… 10
2.2 AI 搜索的原理初探：基于 Lepton Search 分析 ………… 12
 2.2.1 为什么选择 Lepton Search ………… 12
 2.2.2 Lepton Search 后端源码分析 ………… 14

第 3 章　深入 AI 搜索核心技术 ………… 23

3.1 查询理解技术 ………… 23
 3.1.1 问题分类机制 ………… 23
 3.1.2 查询改写机制 ………… 25
 3.1.3 查询扩展机制 ………… 29
 3.1.4 意图识别与规划 ………… 30
3.2 规划执行技术 ………… 34
 3.2.1 动作的分类 ………… 34
 3.2.2 调用仅输出动作 ………… 35
 3.2.3 调用搜索并输出动作 ………… 36
 3.2.4 基于 Agent 的执行过程 ………… 39
 3.2.5 基于工作流的执行过程 ………… 42
3.3 答案内容优化技术 ………… 47
 3.3.1 角色与答案模板机制 ………… 47
 3.3.2 在答案中呈现引用编号 ………… 49
 3.3.3 呈现不同维度的答案 ………… 50
3.4 答案缓存优化技术 ………… 55
 3.4.1 缓存的核心考量 ………… 56
 3.4.2 引入缓存后的问题 ………… 57
 3.4.3 答案多样性的简单处理 ………… 60
 3.4.4 答案多样性的高级处理 ………… 61

第 4 章　掌握应用的开发技术栈 …… 63

4.1　认识 OpenAI API …… 63
- 4.1.1　API 介绍 …… 63
- 4.1.2　会话补全能力 …… 65
- 4.1.3　嵌入模型能力 …… 67
- 4.1.4　微调模型能力 …… 68

4.2　掌握 DeepSeek 模型 …… 70
- 4.2.1　核心技术 …… 71
- 4.2.2　本地部署 …… 73
- 4.2.3　基于 Python 调用 …… 74

4.3　认识 Milvus 向量数据库 …… 75
- 4.3.1　Milvus 介绍 …… 75
- 4.3.2　本地搭建 Milvus …… 77
- 4.3.3　核心技术与原理 …… 78

4.4　Milvus 本地知识库实践 …… 79

4.5　LangChain 基础知识 …… 87
- 4.5.1　核心组成与生态 …… 87
- 4.5.2　创建提示词模板 …… 88
- 4.5.3　创建模型 …… 90
- 4.5.4　创建大模型链 …… 91

4.6　精通 LangChain 的高级用法 …… 93
- 4.6.1　回调函数的使用 …… 93
- 4.6.2　聊天上下文管理 …… 95
- 4.6.3　Agent 与工具的调用 …… 97

第 5 章　后端方案设计与框架构建 …… 100

5.1　技术方案设计 …… 100
- 5.1.1　项目整体设计 …… 100
- 5.1.2　后端数据库设计 …… 101
- 5.1.3　后端流式通信设计 …… 103

5.2　构建后端基础框架 …… 106
- 5.2.1　划分后端目录结构 …… 106
- 5.2.2　开发项目入口文件 …… 107
- 5.2.3　开发服务初始化模块 …… 108

第 6 章　构建 AI 搜索的核心架构 …… 112

6.1　实体模块 …… 112
- 6.1.1　创建参数实体 …… 112
- 6.1.2　创建策略实体 …… 115
- 6.1.3　创建规划实体 …… 117
- 6.1.4　创建调度结果实体 …… 119
- 6.1.5　创建搜索结果实体 …… 120

6.2　分析器模块 …… 132

6.3　检索器模块 …… 142

6.4　生成器模块 …… 146

6.5　过滤器模块 …… 150
- 6.5.1　创建过滤器基类 …… 150
- 6.5.2　创建移除器模块 …… 151
- 6.5.3　创建重排序模块 …… 152
- 6.5.4　创建读取器模块 …… 153

第 7 章　实现 AI 搜索的自动运行 …… 157

7.1　创建动作类 …… 157

7.2　实现调度器模块 …… 164

第 8 章　开发 AI 搜索的应用功能与场景测试 …… 171

8.1　开发 DAO 操作层 …… 171
- 8.1.1　实现会话 DAO 操作 …… 171
- 8.1.2　实现消息的 DAO 操作 …… 175

8.1.3 实现引用 DAO 操作 ……… 178
  8.1.4 实现网页内容 DAO
     操作 …………………… 180
 8.2 开发 Service 逻辑层 ……………… 183
  8.2.1 使用缓存中的答案的
     处理逻辑 ……………… 183
  8.2.2 生成预测问题的处理
     逻辑 …………………… 186
 8.3 开发 Controller 接口层 …………… 188
  8.3.1 统一接口注册 …………… 188

  8.3.2 开发请求中间件 ………… 189
  8.3.3 开发会话记录列表
     接口 …………………… 192
  8.3.4 开发会话操作接口 ……… 193
  8.3.5 开发流式问答接口 ……… 196
  8.3.6 开发预测问题接口 ……… 199
 8.4 AI 搜索应用场景测试 ……………… 201
  8.4.1 私人问答方向 …………… 201
  8.4.2 写作创作方向 …………… 203
  8.4.3 学术研究方向 …………… 204

第1章

大模型技术分析与落地难点

本章将深入探讨大模型技术的多个方面，如面临的变革与挑战、与传统模型的区别、对行业格局的冲击以及发展限制因素，最后分析大模型落地难点。

1.1 大模型技术分析

2022年，OpenAI公司推出的ChatGPT聊天机器人问世，标志着AI（Artificial Intelligence，人工智能）技术领域的一次里程碑式突破。这一创新加速了大语言模型（Large Language Model，LLM，以下简称"大模型"）技术的迅猛崛起，并引发了一场持续升温的技术热潮。在此浪潮中，各类大模型如雨后春笋般涌现，以惊人的速度在各行各业蓬勃发展，深刻改变了行业生态与技术格局。

然而，在大模型发展如此火热的背景下，我们更需要保持冷静与理性。本节将从4个方面展开分析，深入探讨大模型所带来的深刻启示。

1.1.1 变革与挑战共存

ChatGPT自问世以来，凭借其颠覆性的能力持续引领AI领域的发展潮流。本节将以其底层GPT（Generative Pre-trained Transformer，生成式预训练变换器）模型为例，深入分析大模型所带来的三大变革与两大挑战。

1. 三大变革

在GPT模型的发展下，AI领域发生了三大重要变革，不仅深刻影响了技术的发展方向，也重塑了行业的形态与格局。

第一个变革是生产力的释放。大模型展现出超越人类的耐性与持久力，使它在许多领域的应用前景极为广阔。例如，在低端手工业和大量重复劳动密集型行业中，大模型不仅能够胜任人类所能完成的任务，还能在效率和精确度上表现得更加出色。这种能力的提升不仅降低了人工成本，也为传统行业的转型升级提供了新的可能性，进一步推动了生产力的解放。

第二个变革是 NLP（Natural Language Processing，自然语言处理）技术的飞跃提升。通过图灵测试的大模型展现出前所未有的语言处理能力，能够更精准地理解上下文、生成流畅且符合逻辑的文本，甚至能够完成一些高难度的语言创作，例如文学写作、内容策划。这显著提升了机器在文本生成、问答系统、情感分析等领域的表现。

第三个变革是技术范式的革命。尽管 GPT 模型基于已有的 Transformer 架构，但它在此基础上进行了革命性创新，开创了预训练与微调相结合的训练范式。这一范式的提出不仅优化了模型的研发流程，还颠覆了传统模型的开发思路，让整个 AI 领域的发展进入快车道。

2. 两大挑战

随着 GPT 模型影响力的不断扩大，它在推动技术与社会变革的同时，也带来了诸多挑战。这些挑战成为业界和社会关注的热点。

第一个挑战是**社会风险防范问题**。在 ChatGPT 爆火阶段，欧洲多个国家的高校纷纷宣布禁止使用 ChatGPT 完成作业，同时一些学术期刊也开始限制 ChatGPT 的使用。更有报道指出，ChatGPT 在回答中存在故意引诱、教唆等破坏社会稳定和安全的行为。此外，ChatGPT 加剧了欧洲各国的裁员失业潮，引发了失业恐慌等问题。

第二个挑战是**用户隐私和数据安全问题**。ChatGPT 的训练过程依赖于海量数据，而用户在与 ChatGPT 交互时也会生成大量新的数据。这些数据的存储、处理与使用方式可能引发对隐私泄露和数据滥用的担忧，进而导致对大模型的信任危机。如何确保用户数据的安全性和透明性，成为大模型发展过程中亟待解决的重要问题。

随着大模型的不断发展，尽管这些问题在后续过程中逐步得到修正，但其背后折射出的人类对未来社会安全的深层次担忧始终未能消散。这种担忧不仅涉及技术本身的潜在风险，也反映了人类对技术与伦理、隐私与安全之间平衡的长期矛盾。

1.1.2 与传统模型的区别

从生成流畅自然的文本到模仿人类的创作风格，大模型展现出的非凡能力引发了人们对其底层原理的强烈好奇：大模型究竟是如何实现语言理解与内容生成的呢？

大模型的核心是基于 Transformer 架构的神经网络。这意味着，大模型并不是凭空创造出来的，其底层依然是深度学习技术的延续和发展。Transformer 架构通过自注意力机制和并行计算，赋予模型强大的语言处理能力。然而，与传统的神经网络模型相比，大模型在架构设计、训练规模和应用方式上存在显著区别。为了更好地理解这些差异，下面将进行详细分析。

（1）参数规模大

早期的神经网络（如卷积神经网络）虽然在某些任务中表现优异，但其参数规模相对较小，通常只有数百万到几千万个，且主要应用于计算机视觉等领域。然而，GPT 模型的出现彻底打破了这一局限。GPT 模型的参数规模从几亿、几十亿个逐步扩展到上千亿个，持续突破模型规模的限制，成为当时最大的语言模型之一。GPT 模型的成功不仅展现了大规模训练的潜力，还有力地证明了参数规模的扩展能够显著提升模型的语言理解与生成能力，为大模型的发展树立了重要的里程碑。

（2）预训练与微调结合

GPT 模型的训练流程采用了预训练与微调相结合的创新方法。首先，在预训练阶段，GPT 模型通过海量无标签数据进行训练，广泛学习语言知识和语义结构，为后续任务奠定了坚实的基础。随后，在微调阶段，GPT 模型针对特定任务进行优化，从而进一步提升它在具体场景中的表现。这种方法的核心创新在于，通过一个统一的预训练模型，可以快速适配多种不同任务，大幅提高了训练效率和模型的通用性。这一突破不仅降低了对数据标注的依赖，也显著提升了模型的灵活性与扩展性，为 AI 的发展注入了强大的动力。

（3）多场景通用

传统模型通常需要针对特定任务进行专门设计。这类模型的开发流程需要根据具体任务的需求，从头设计模型架构，并使用大量的标注数据进行训练。由于传统模型缺乏通用性，它们通常只能在特定任务或领域内发挥作用，无法轻松迁移到其他任务。例如，一个用于文本分类的模型往往无法直接应用于机器翻译或对话生成任务，必须从头设计和训练新的模型，这不仅耗时且效率低下，限制了模型的灵活性和扩展性。

相比之下，GPT 模型展现出了广泛的适用性和卓越的通用能力，其应用场景涵盖了文本生成、对话生成、机器翻译、代码生成、知识问答等多个领域。通过解耦式的训练架构，GPT 模型在不同阶段使用不同类型的训练语料，从而显著提升了模型的通用性与适应性。

1.1.3 对行业格局的冲击

大模型技术作为 AI 领域中继 Transformer 模型之后的又一次重大突破，犹如一剂强心针，为整个行业注入了全新的活力。这项技术的出现不仅重新定义了 AI 的能力边界，也点燃了全球范围内对 AI 的无限热情与探索勇气。它的强大通用性和广泛适应性推动了 AI 从单一任务向多领域、多场景的全面扩展，激发了学术界、工业界乃至普通用户对 AI 未来潜力的期待，为行业发展开启了一个全新的篇章。

更为重要的是，随着大模型技术的不断成熟与普及，市场的进入门槛已经显著降低。如今，越来越多的中小型企业不仅能够借助大模型技术的开放平台实现技术创新，还能通过灵活的战略和独特的业务模式，探索这一前沿技术的无限可能。这种技术趋势正在加快行业发展的步伐，让更多企业有机会在 AI 领域崭露头角。

随着大模型技术的迅速崛起与广泛共享，新的竞争者不断涌现，甚至催生出一些颠覆性的应用，推动行业迈向全新的商业生态。然而，这一变革也让市场变得更加动荡，竞争愈发激烈。未来充满了不确定性与无限可能，传统寡头企业曾经牢不可破的垄断优势和市场控制力正面临前所未有的挑战。它们赖以维系的市场主导地位或许将不再稳固，甚至有可能被后来者赶超，陷入失去行业领头羊地位的风险之中。

未来的行业格局正在发生深刻变革，呈现出更加开放的态势，并孕育出多元化的竞争机会。在新的技术浪潮推动下，任何企业都有可能脱颖而出，打破传统的行业格局，重塑市场规则。这场变革将带来广泛而深远的影响，重新定义行业发展的方向与可能性。

1.1.4 从训练流程看发展的限制因素

大模型的训练是一个复杂且系统化的工程，其核心在于利用深度学习技术对海量数据进行学习和模式识别。整个训练流程包括数据准备、模型架构设计、预训练、微调与偏好对齐，最终通过评估与迭代不断优化模型性能，具体内容如下所示。

1. 大模型训练流程

1）准备优质数据源：大模型的性能高度依赖于训练数据的质量，准备优质数据是训练过程中最重要的一步。数据的多样性、真实性、清理程度都会直接影响模型的推理能力和泛化能力。

2）搭建模型架构：在训练大模型之前，首先需要搭建合理的模型架构，通常需要从基础架构选择、参数规模确定、训练优化策略等多个方面进行综合考虑，以确保模型能够在计算资源可承受范围内，达到最佳的性能表现。

3）预训练：预训练是大模型获取知识和语言能力的核心阶段，通常采用无监督学习或自监督学习的方式。通过大规模数据学习通用语言表示，为后续的微调和应用奠定基础。在这一阶段，模型会从庞大的语料库中学习语法、语义、推理能力，并建立丰富的知识库。

4）微调与偏好对齐：预训练得到的大模型虽然具备强大的语言理解能力，但由于训练数据的广泛性和任务的通用性，它在某些方面和领域的表现差强人意，而且它的行为也未必完全符合人类的期望。因此，在实际应用中，我们需要通过监督微调和偏好对齐等方法来优化模型，使它更精准地满足用户需求，提供更加可信和高效的交互体验。

5）评估与迭代改进：在完成模型训练后，我们需要通过一系列系统性的评估，全面验证它在不同任务中的表现，并基于评测结果不断优化，确保模型在实际应用中的稳定与可靠。评估通常包括自动评测、人工评测、A/B测试以及持续迭代优化这4个关键环节。

2. 大模型发展的限制因素

在当前的训练过程中，以下几个关键问题限制了大模型进一步的突破和发展。

（1）数据瓶颈

本质上，大模型的训练依赖对海量数据的深度学习与分析。在数据准备、预训练、微调与偏好对齐、评估与迭代改进等阶段，数据始终是核心要素之一。无论是数据的质量还是数量，都直接决定了大模型的性能及能力的上限。然而，在实际操作中，数据相关的问题成为大模型发展的重要挑战。

首先，高质量数据的匮乏是大模型训练面临的核心难题之一。尽管各行业的数据资源丰富，但真正符合高质量标准的数据极为有限。数据的质量与多样性直接影响模型的泛化能力和适应性。如果数据稀缺导致数据分布不平衡，模型可能在特定任务上产生偏差，难以满足实际应用需求。

其次，某些专业领域的数据（如法律、医疗、金融等）通常受到版权、隐私保护等的限制，使得获取变得异常困难。此外，多模态数据（如文本、图像、视频等）的获取难度更高，这进一步加剧了数据收集的复杂性。数据获取的障碍不仅影响模型训练的广度，还限制了模型在特定领域的深入应用。

最后，大规模数据的存储、清洗、标注和训练需要依赖强大的基础设施和计算资源。随着数据量的持续增长和数据类型的日益多样化，数据处理的技术难度不断提升。同时，存储硬件、计算资源以及人工标注的成本也在快速增加，使得数据处理成为大模型训练中的高成本环节。

（2）参数复杂性

参数越多，模型能够表示的特征和关系就越复杂。在训练过程中，通过不断增加或调整参数，可以帮助模型更好地理解和生成数据，从而提升其性能和表现。

然而，盲目地"堆"参数并不能解决所有问题。随着参数规模的增加，大模型变得愈发复杂，这带来了显著的挑战。一方面，模型的维护成本随之上升，包括硬件需求、优化难度以及部署复杂性；另一方面，电力消耗、计算资源需求和训练时间也会大幅增加，导致训练成本不断攀升。这种资源密集型的特性不仅对技术研发提出了更高要求，也给环境可持续性带来了潜在影响。因此，在追求更强性能的同时，如何平衡模型规模与训练成本，寻找更高效的训练方法，已成为大模型发展的关键课题。

（3）计算资源限制

大模型训练是一项高成本、高难度任务。随着模型参数量的不断增加，训练所需的计算资源呈指数级增长。尽管通过分布式训练、加速硬件等技术手段可以在一定程度上缓解这一问题，但计算能力始终存在瓶颈，尤其是在处理超大规模模型时，硬件资源、内存、存储和带宽都将面临巨大压力。这种资源限制不仅会显著延长训练时间，还可能导致模型训练效果的下降，甚至影响计算效率，制约大模型的发展。如何优化资源利用率并探索更高效的训练方法，是当前技术领域亟待解决的问题。

1.2 落地难点

在大模型的应用过程中，由于受到多种限制因素的影响，在落地过程中面临一些技术难点，但技术层面的突破在短期内可能难以取得显著进展。本节就来为读者具体介绍

（1）幻觉问题严重

在行业的不断应用实践中，业界对大模型能力的认识也逐渐清晰。人们开始认识到大模型并没有想象得那样无所不能。

大模型的天然的不可解释性让推理过程成为"黑盒"，这为提示词工程的开发和优化带来了巨大的挑战。尤其是在实际应用中，大模型常常出现所谓的"幻觉"问题，即生成的回答虽然表面上合乎逻辑，但实际内容存在偏差或错误。由于幻觉问题直接影响模型输出结果的质量和可靠性，这一问题已经成为大模型应用的一个重要瓶颈，亟待解决。

为突破大模型的能力边界，模型微调技术和 RAG（Retrieval Augmented Generation，检索增强生成）技术逐渐受到广泛关注，并成为业内讨论的热点。模型微调技术是借助专业领域知识对基础通用模型进行深度训练，使它能够更精准地满足特定领域的需求。RAG 技术则是在业务工程环节，从外部知识库中检索相关知识，并巧妙地融入大模型的系统提示词里，以增强大模型的知识能力。这两种技术都弥补了大模型知识不足的问题，有效减轻了幻觉问题的影响。

因大模型的实现原理，其幻觉问题目前只能被减轻，而无法彻底解决。因此，在一些对准确性要求极高的特定领域，大模型的应用始终面临一定的阻碍。

（2）缺少重要数据

许多企业在使用微调技术和 RAG 技术时，陷入了一个新的难题。无论是微调技术还是 RAG 技术，它们的核心前提之一就是拥有大量且高质量的专业数据。数据的质量和数量直接决定了技术使用的效果。

然而，许多公司面临着数据短缺的问题，尤其是在某些特定行业或领域，缺少足够的高质量数据来支持模型的训练与优化。为此，不少公司不得不加大投入，重新开始收集和构建数据，甚至通过合作、外包等方式获取所需的数据资源。这无疑增加了企业的运营成本。

（3）推理能力不足

大模型在 NLP 领域和生成内容领域表现惊艳，但在复杂推理任务中仍显不足。例如，当提出简单的逻辑性问题时，大模型通常能够正常理解并给出合理回答，但面对需要深度推理、逻辑推导或涉及多个复杂关系的问题时，会暴露出明显的缺陷。

不过，随着 CoT（Chain of Thought，思维链）技术的不断发展，以及基于 CoT 的 DeepSeek 大模型的问世及技术开源，这些因素使得大模型的推理能力得到显著增强。这一进步不仅为解决复杂问题带来了新的可能，也为行业应用注入了新的希望。

（4）实践经验不足

大模型的理论基础和技术架构得到了广泛的认可，但在实际应用过程中，许多企业和开发者仍然缺乏足够的实践经验，导致大模型在落地应用时出现诸多问题。目前，在行业场景中，如何根据具体需求进行模型调优、如何将模型与现有业务流程有效融合、如何应对行业特殊需求等，都是许多企业面临的挑战。

第2章

AI 搜索历程与原理初探

随着企业对 AI 在深度场景中的落地需求持续增长，大模型应用正迎来黄金发展期。在这股技术浪潮中，AI 搜索作为最具代表性的应用之一，凭借其独特的场景融合与技术创新，正在重塑搜索方式。

本章将深入分析 AI 搜索的发展历程，并详细解析其底层实现原理，为全面理解和深入学习 AI 搜索奠定坚实的基础。

2.1　AI 搜索发展的历程

本节将围绕搜索的智能化发展趋势，探讨 AI 搜索出现的必然性，以及 AI 如何赋能传统搜索，最后探讨 AI 搜索的未来发展方向。

2.1.1　搜索的智能化趋势

我们将首先回顾传统搜索技术的发展历程。从中可以清晰地看到，AI 搜索的出现并非偶然，而是技术演进与用户需求共同驱动的必然结果。这一演进过程充分体现了搜索技术始终以满足用户需求为核心的进化思路与逻辑，为我们理解 AI 搜索的本质与意义提供了重要的背景和启示。

1. 互联网的发展

1991 年，蒂姆·伯纳斯·李完成了万维网（WWW）的所有核心工具开发，包括第一个网页浏览器和第一个网页服务器，这标志着万维网的正式诞生。在接下来的几年里，他积极与相关研究组织合作，推广自己创建的万维网及其关键技术。到 1994 年底，万维网上出现了一些知名组织和公司的网站，这表明万维网已成为被认可的连接与通信标准服务。

在接下来的 10 年里，随着全球经济的快速发展和科技的不断进步，万维网迎来了爆发式增长。海量信息在国内外迅速涌现，成千上万的网站相继上线，标志着互联网时代的全面到来。

2. 网址撮合平台的发展

虽然互联网发展迅速，但网站数量的爆发式增长也给用户的使用带来了诸多不便。这些网站之间如同孤立的岛屿，缺乏直接关联，也没有一个统一的入口能够帮助用户快速找到所需资源。为了解决这一问题，国内外涌现出一批以雅虎为代表的网址聚合平台，以及以新浪为代表的新闻门户网站。此外，还出现了如 hao123 等优质的网址导航平台。这些形式各异的网站，本质上都在进行网址撮合，为用户提供便捷的访问路径。

在这一时期，用户可以轻松浏览每日新闻、探索各种不同的网站，用户体验得到显著提升。然而，在提升用户体验的同时，各个平台却面临着高昂的运营成本，这主要源于对大量人工维护的依赖。例如，传统搜索引擎需要专门的后台人员管理网址、更新索引，而新闻门户网站则需要编辑人员负责信息的整理、筛选和发布。这些维护人员每天必须按时按量完成复杂的信息处理工作，在烦琐的人工流程和巨大压力下，人员效率极为低下。虽然这种模式在初期解决了用户需求，但也为后续的技术革新埋下了伏笔。

3. 搜索引擎技术的发展

早在 1990 年，加拿大开发了历史上第一个搜索引擎——Archie，它被公认为搜索引擎的鼻祖。然而，由于当时万维网尚未发展起来，Archie 的功能仅限于搜索 FTP 地址，无法检索网站资源，因此严格来说，它并不算真正意义上的搜索引擎。直到 1994 年，随着 Infoseek 公司的成立，搜索引擎的发展才正式拉开序幕。作为早期的搜索引擎之一，Infoseek 基于庞大的数据库和算法，用户只需输入关键内容，通过关键词检索即可相对精准地找到所需的网站资源。

随着技术的不断进步，搜索引擎领域涌现出如谷歌、雅虎、百度等一批具有代表性的公司。搜索引擎中的核心技术（比如检索算法和网页相关性排序算法）也得到了显著的发展。其中，谷歌率先推出了基于链接分析的 PageRank 算法——通过评估网页之间的链接关系来衡量网页的权威性和相关性。这一创新显著提高了搜索结果的精准度，成为搜索引擎技术发展的重要里程碑，也奠定了谷歌在行业中的领先地位。

4. 从关键词匹配到语义理解

在搜索技术发展的初期，搜索引擎主要依赖关键词匹配算法来实现信息检索。这种方法通过从用户输入的内容中提取关键词，然后在庞大的数据库中检索这些关键词，从而返回与之相关的网页。

这种技术在互联网发展的早期阶段发挥了重要作用，但其局限性也显而易见。关键词匹配算法的核心在于用户输入的关键词与数据库中的索引之间的直接匹配，这意味着搜索引擎只能处理明确的关键词输入，而无法理解用户的语义表达或意图。

例如，如果用户输入"想看最新国际消息"，传统的关键词匹配算法无法从中提取出"新闻网站"这样的关键词。如果数据库中的索引仅包含"新闻网站"，那么搜索引擎将无法返回任何相关结果。这种依赖于关键词的方式使得搜索引擎在处理复杂语义描述或模糊表达时显得力不从心。此外，关键词匹配算法还存在其他问题，例如对同义词、近义词的处理能力不足，以及对上下文关系的忽视。例如，用户搜索"苹果"时，搜索引擎无法判断用户是想了解水果"苹果"还是科技公司"苹果"。

这种对语义的理解缺失导致搜索结果的精准度较低。用户往往需要反复调整关键词才能找到所需的信息，他们希望搜索引擎不仅能够识别关键词，还能理解他们的意图。这种需求推动了搜索技术从关键词匹配向语义理解的转型。

语义理解技术的引入为搜索引擎带来了跨越性的变化。基于 NLP 技术，搜索引擎能够分析用户输入的语句，理解其中的语义含义和上下文关系。例如，当用户输入"想看最新国际消息"时，语义理解技术可以识别用户的意图是寻找新闻相关内容，可以返回"新闻网站"等关键词，进而在后续检索中找到并返回包含此关键词的网页。

5. 从链接提供者到信息整合者

虽然传统搜索引擎发展至今已有 30 余年的历史，但一直没有解决用户的根本需求。从用户需求的本质来看，用户在搜索时希望获得的是结果，而不是过程。传统搜索引擎的网页链接模式更像是提供了获取信息的工具，而非最终的答案。

以用户输入"时间"为例，用户的意图可能是简单地查看当前时间。然而，传统搜索引擎会返回与"时间"关键词相关的大量网页，用户不得不逐一点击并阅读网页内容才能找到答案。用户的初衷是快速获取信息，这种冗长的过程显然与之背道而驰。同样，在世界杯期间，用户输入"世界杯"可能是为了了解赛事的整体情况，但搜索结果往往是多个网页链接，用户仍需点开官方报道或相关网页，逐一查找自己关心的赛程、比分或新闻动态。这种信息获取方式不仅效率低下，还可能因信息分散而导致用户体验不佳。

为了满足用户直接获取信息的需求，其实早在前几年里，百度搜索引擎就已经开始察觉并进行创新优化。在用户搜索特定内容时，百度搜索引擎会在结果页面第一个置顶位置处提供一个"小组件"，这些小组件覆盖了从简单到复杂的多种场景，小到显示当前时间、天气预报或计算器，大到车票预订、赛事动态、新闻热点等。

这些小组件的设计以用户需求为核心，成功解决了传统搜索中用户需要逐一点击网页查找信息的痛点。它将用户最关心的信息直接呈现在搜索结果页面，无须额外操作即可快速获取答案。这一设计标志着搜索引擎从单纯的链接提供者向信息整合者的转型。

回顾这一发展历程，可以发现，这些小组件实际上是 AI 搜索的雏形，它满足了用户对高效、智能信息获取的根本需求。因此，AI 搜索的出现并非偶然，而是搜索技术不断进化的必然结果。这种进化不仅满足了用户对便捷性的追求，也推动了搜索引擎技术向更智能、更精准的方向迈进，推动了 AI 搜索的发展进程。

2.1.2 AI 如何赋能传统搜索

在搜索智能化发展的趋势下，我们需要深入挖掘 AI 的独特优势，并以此为基础重新思考智能化发展的重点。发展的关键在于利用 AI 弥补传统搜索的不足，同时赋能搜索技术，提升智能化水平，优化用户体验，从而推动搜索领域的创新与突破。这种协同发展的模式不仅为搜索技术注入新的活力，还能为用户带来更高效、更精准、更个性化的搜索体验，进一步拓展搜索技术的边界与潜力。

1. 传统搜索的局限性

搜索的本质可以归结为从理解用户需求到提供有效答案这两个核心过程，传统搜索的局限性也主要体现在这两个方面。

首先，传统搜索在分析用户搜索需求方面仍存在显著的局限性。尽管近年来引入了更强大的 NLP 算法和工程支持，搜索引擎对用户意图的理解有所改善，但在处理复杂场景或面对模糊表达时，依然难以准确捕捉用户的真实需求。这种不足进一步降低了搜索效率和结果的准确性，影响了用户获取信息的质量，同时对用户体验造成了不好影响。

其次，传统搜索仅能从互联网上检索相关的网页内容，而无法直接从这些网页中提取出问题的精确答案。用户通常需要自行浏览多个网页，逐一筛选信息，才能找到与问题相关的内容。这种信息获取方式效率低下，不仅浪费时间，还导致用户体验较差，尤其是在面对复杂问题或需要快速获取信息的场景中，这种缺陷尤为明显。

2. AI 主要赋能的场景

面对传统搜索的两大局限性，AI 能够针对性地进行赋能，显著提升搜索技术的智能化和用户体验。

AI 的核心优势在于其强大的阅读和理解能力，尤其在处理和分析海量文本信息方面表现尤为突出。它能够快速解读长篇文章，准确理解上下文关系，超越传统搜索对表面信息的处理局限。借助其强大的 NLP 能力，AI 可以深入分析每个查询背后的真实需求，突破传统搜索仅依赖关键词匹配的限制。

目前，AI 已能够深度理解用户的搜索需求，精准识别查询背后的搜索意图，并提取查询中的关键内容。通过结合传统搜索引擎检索的大量网页数据，AI 能够有效理解上下文，从中提取最相关的信息。最终，AI 不仅可以提供精准的搜索结果，还能直接总结出问题的答案，免去用户自行筛选和查找的步骤，大幅提升搜索效率和用户体验。

这种基于 AI 赋能的搜索场景，不仅满足了用户对高效信息获取的需求，还推动了搜索技术向智能化、精准化的方向发展的趋势。

2.1.3 AI 搜索的未来发展方向

随着 AI 技术的快速发展与应用实践，AI 搜索正逐步从传统的信息检索工具演变为智能化、多功能的助理。AI 搜索不仅在技术层面不断突破，更在用户体验、行业应用和市场竞争中展现出巨大的潜力。未来，AI搜索将不再局限于简单的问答，而是通过多模态、一站式搜索、记忆与个性化等创新功能，深度融入人类生活与工作场景，为用户提供更加精准、高效和贴心的服务。

1. 多模态融合技术

在未来的人机交互中，用户的输入方式将不再局限于键盘，还包括图像、音频、视频、动作捕捉等多种形式。这一进展得益于AI时代下硬件技术的飞速发展，使得交互方式更加多样化和人性化，能带来更好的用户体验。

除了输入的多样性，AI搜索的输出也将不再局限于文本结果，而是提供图像、音频、视频等多模态的混合输出。需要特别注意的是，并不是所有场景都需要多模态的混合输出。比如有的场景适合只输出文字，而有的场景适合输出文字加图片，还有的场景适合输出文字加视频。

为了更好地提供多模态支持，需要根据用户的需求，进行更准确的用户意图分析。在合适的场景下，选择图像、音频、视频等多模态资源的不同组合，带来更加直观和丰富的交互体验。

2. 一站式搜索服务

受多模态融合技术的启发，万千内容聚合一体会成为下一个趋势。它与多模态的主要区别在于，打破了传统文本、图片和视频这三种资源的限制。在这一趋势下，不同场景下的丰富内容将被无缝集成，例如，在点外卖、查看天气、搜索地图等常见场景中，AI搜索能够通过调用各类OpenAPI服务，智能整合不同的数据源，为用户提供一站式服务。

举个例子，当用户输入"我好饿啊，给我推荐一些外卖吧"，系统首先会通过调用地图API获取用户的当前位置信息。接着，系统会根据位置信息从外卖平台获取附近的餐馆，并筛选出距离最近、评价最好、符合用户口味偏好的外卖商家。通过这一过程，AI搜索能够提供个性化且精准的推荐，确保用户能够迅速找到优质的外卖选项，提升用户体验。

再举个例子，当用户在驾驶过程中通过语音输入"帮我导航到最近的加油站"，AI搜索会首先通过地图API获取当前位置，确保导航的准确性。随后，系统根据距离和其他可能的过滤条件，如加油站的开放状态、油品种类等，智能查找附近的加油站，并为用户提供实时的导航路线。最终，用户不仅能够获得精确的加油站位置，还能根据个人需求选择最合适的加油站，享受流畅无忧的出行体验。

这种将多种内容和服务融为一体的能力，使得AI搜索能够在不同的实际场景中，智能地连接各种信息源，打破了传统信息检索的局限，为用户提供了更加实时、精准和个性化的搜索体验。

3. 垂直搜索的专业化

大模型虽然具备一定的垂直领域知识，但由于训练数据的规模和质量受限，它在特定行业或细分领域的表现往往难以达到预期效果。

为了应对这一挑战，各行业逐步开发了专注于特定领域的垂直模型。这类模型虽然规模不大，但因专注于特定任务，通常在专业化和精确度方面表现更为出色，能够更好地满足特定领域或细分场景的需求。

这一挑战也为 AI 搜索提供了巨大的发展空间。处于垂直行业的企业可以基于自身积累的专业数据和行业经验，构建更具针对性的垂直搜索功能。这不仅能够有效弥补大模型在专业领域的短板，还能解决"大模型足够大却不够专"的问题，为用户提供更精确、更贴合需求的搜索体验。

所以，在垂直模型尚未完全成熟之前，AI 搜索的一个重要发展方向就是深入挖掘垂直领域的业务需求，打造针对性强、精度高的垂直搜索功能。通过聚焦特定行业的专业数据和业务场景，AI 搜索能够提供更精准、个性化的搜索服务，满足用户在特定领域中的特殊需求。垂直化的业务模式不仅能够弥补大模型的泛化不足，还能提升搜索结果的相关性和质量，优化用户体验。

4. 长记忆与个性化体验

从脑神经科学的角度来看，记忆通常分为短期记忆和长期记忆。在对话系统中，对话列表中的记忆可以类比为短期记忆，它只在单一对话中有效。而长期记忆则跨越所有对话场景，能够保留并利用用户的历史信息，实现跨会话的个性化服务。

许多 AI 搜索应用依然依赖短期记忆，这导致了一个显著的问题，即用户无法跨会话提问。换句话说，用户在每个问题专属的会话中提问时，无法轻松延续之前的问题。例如，用户从周一到周五每天提问一个新问题，但到了周六，如果想继续基于周二的问题提问，必须找到当时的会话记录，否则只能从头开始。

当前，AI 搜索市场竞争日趋白热化，长记忆功能与个性化体验已成为企业实现差异化竞争的核心策略。通过跨会话记录用户互动，分析并提取关键信息，再将这些信息融入回答和推荐中，企业不仅能够显著提升用户体验，还能吸引并留住更多忠实客户。这种深度的个性化服务不仅强化了用户黏性，还有效提升了品牌价值与市场影响力，帮助企业在激烈的竞争中脱颖而出，占据优势地位。

2.2 AI 搜索的原理初探：基于 Lepton Search 分析

现在我们已经对 AI 搜索的本质有了一定的认识，那么它背后的实现机制究竟是怎样的呢？本节将从调研 AI 搜索的开源项目入手，选择最易上手的 Lepton Search 项目作为参考对象。接着，我们将深入分析 Lepton Search 的源码实现，帮助读者逐步了解 AI 搜索的底层运行逻辑与实现原理，为进一步学习 AI 搜索技术奠定基础。

2.2.1 为什么选择 Lepton Search

如今，网络上已经可以找到众多与 AI 搜索相关的开源项目和实现方案。然而，在 2024

年上半年甚至更早的时候，Lepton Search 是一个非常稀缺且具有代表性的 AI 搜索参考资料。它以实现简单而著称，后端代码不到 500 行，却完整地展现了 AI 搜索的核心逻辑与技术细节。即使到了现在，Lepton Search 也依然是研究和学习 AI 搜索领域的最佳资料。

Lepton Search 是一个开源的对话式 AI 搜索引擎项目，包含前端交互页面和后端服务。支持简单的文本类问题输入，能通过网络搜索快速检索相关信息，并智能生成精准答案。它是 AI 搜索开源项目的最早期的代表之一，早在开源之初就获得了很高的热度，受到业内很多用户的好评。

Lepton Search 的主要功能特性如下。

- 自由的定制化扩展：无论前端还是后端，代码逻辑都很简洁，有很高的自由度。
- 适合教学和自己学习：通过极简的代码量，快速了解核心实现，降低学习成本。

接下来将会详细讲解源码实现，暂时不需要进行本地部署。如果有本地部署需求，可以在 GitHub 官网上搜索 search_with_lepton 项目，并将它克隆到本地，最后按照官方文档中的步骤进行操作即可。

在部署此项目之前，需明确几项关键准备工作。除了 Python 环境和前端依赖等基础配置，还需申请搜索引擎的 API 密钥和申请 LeptonAI 服务等必要的后端服务。因此，在目前的学习和研究阶段，不建议直接在本地部署。如需部署，需重点关注以下关键事项，以确保系统稳定运行。

（1）申请搜索引擎的 API 密钥

搜索引擎是实现互联网 AI 搜索的核心，Lepton Search 项目内置了必应搜索和谷歌搜索这两种不同的搜索引擎，根据个人需求去官网申请即可。在申请完成后，会得到一个订阅密钥（Subscription Key），需要按照如下命令把这个密钥配置到系统中，如代码清单 2-1 所示。

代码清单 2-1　配置订阅密钥到系统中

```
# 输出必应搜索密钥变量，如果未配置则为空
$ echo $BING_SEARCH_V7_SUBSCRIPTION_KEY

# 在命令行中执行
$ export BING_SEARCH_V7_SUBSCRIPTION_KEY={your_subscription_key}
```

（2）申请 LeptonAI 服务

为什么这个项目在 GitHub 官网上的仓库名为 search_with_lepton 呢？其实主要因为它基于 Lepton AI 云平台而构建，可以轻松在云环境中部署。该平台不仅提供了全面的云服务能力，包括 CPU、GPU 和存储资源，还集成了 AI 大模型。同时，它还提供了 Python SDK，方便开发者在项目中快速调用大模型服务，实现高效开发。

首先，我们需要按照如下命令先完成 leptonai 包和 openai 包的安装。安装 leptonai 包成功后，在命令中可以直接使用 lep 命令工具进行 Lepton AI 云服务平台的登录和操作，如代码清单 2-2 所示。

代码清单 2-2　安装并登录 Lepton AI 云服务平台

```
# 在命令行中执行

# -U 表示如果本地已安装，则自动替换新版本。对于 leptonai 包，建议加上此选项

$ pip install -U leptonai openai && lep login
```

在输入上述命令后，系统会自动打开 Lepton AI 的云服务平台的凭证页面。如果未注册会要求我们先注册，在注册和登录成功后，会显示对应的凭证信息，我们复制此凭证信息并输入到命令行中即可。如果我们在云平台中未设置工作空间，在命令行登录验证成功后，它会提示我们进行设置，在远程设置完成后，才可以使用大模型及相关技术服务。

2.2.2　Lepton Search 后端源码分析

本项目的后端架构采用了基于 Lepton AI 的完整技术栈服务。但其核心后端代码逻辑实际上仅由一个文件 search_with_lepton.py 构成。因此，本节将重点对该文件的源码进行深入分析。

该文件的代码结构清晰，从上到下一共分为 4 部分，分别是常量、搜索函数、RAG 类和启动入口。接下来，我们将逐步解析每一部分的源码，详细剖析其后端功能的实现过程。

1. 常量

代码的常量部分先后定义了如下内容。

1）与搜索引擎服务相关的变量，如服务地址、搜索数量、接口超时时间等。

2）两个提示词：一个在回答的时候使用；另一个在生成相关问题的时候使用。这两个提示词中都使用了 context 变量，即调用搜索引擎返回的搜索结果作为上下文使用。

3）大模型生成文本时的结束词，当遇到这些词的时候，大模型就会停止生成文本。

我们看一下具体的常量代码，如代码清单 2-3 所示。

代码清单 2-3　常量代码

```
# 定义了搜索引擎服务地址
BING_SEARCH_V7_ENDPOINT = "https://api.bing.microsoft.com/v7.0/search"
BING_MKT = "en-US"
GOOGLE_SEARCH_ENDPOINT = "https://customsearch.googleapis.com/customsearch/v1"
SERPER_SEARCH_ENDPOINT = "https://google.serper.dev/search"
SEARCHAPI_SEARCH_ENDPOINT = "https://www.searchapi.io/api/v1/search"
# 参考数量
REFERENCE_COUNT = 8
# 搜索引擎默认超时时间
DEFAULT_SEARCH_ENGINE_TIMEOUT = 5

# 回答使用的提示词，其中 {context} 是互联网搜索结果的上下文变量
_rag_query_text = """
You are a large language AI assistant built by Lepton AI. You are given a user
    question, and please write clean, concise and accurate answer to the
```

```
    question. You will be given a set of related contexts to the question,
    each starting with a reference number like [[citation:x]], where x is
    a number. Please use the context and cite the context at the end of each
    sentence if applicable.

Your answer must be correct, accurate and written by an expert using an
    unbiased and professional tone. Please limit to 1024 tokens. Do not give
    any information that is not related to the question, and do not repeat.
    Say "information is missing on" followed by the related topic, if the
    given context do not provide sufficient information.

Please cite the contexts with the reference numbers, in the format
    [citation:x]. If a sentence comes from multiple contexts, please list
    all applicable citations, like [citation:3][citation:5]. Other than code
    and specific names and citations, your answer must be written in the same
    language as the question.

Here are the set of contexts:

{context}

Remember, don't blindly repeat the contexts verbatim. And here is the user question:
"""

# 相关问题的提示词，其中{context}也是互联网搜索结果的上下文变量
_more_questions_prompt = """
You are a helpful assistant that helps the user to ask related questions, based
    on user's original question and the related contexts. Please identify
    worthwhile topics that can be follow-ups, and write questions no longer
    than 20 words each. Please make sure that specifics, like events, names,
    locations, are included in follow up questions so they can be asked
    standalone. For example, if the original question asks about "the Manhattan
    project", in the follow up question, do not just say "the project", but use
    the full name "the Manhattan project". Your related questions must be in
    the same language as the original question.

Here are the contexts of the question:

{context}

Remember, based on the original question and related contexts, suggest three
    such further questions. Do NOT repeat the original question. Each related
    question should be no longer than 20 words. Here is the original question:
"""

# 这里定义了stop_words，它将会被赋值给OpenAI会话接口中的stop参数，用于指定大模型在生成
  文本时的停止条件。

# 以下是定义的部分停止符，可以根据需求进行扩展。当生成的文本中包含指定字符串时，生成过程将自动
  停止。例如，当生成内容中出现"\nReferences:\n"时，输出会立即停止，从而确保回答内容中不
  包含参考文献部分。
```

```
stop_words = [
    "<|im_end|>",
    "[End]",
    "[end]",
    "\nReferences:\n",
    "\nSources:\n",
    "End.",
]
```

2. 搜索函数

搜索函数主要封装了针对不同搜索引擎的调用逻辑，包括如必应搜索、谷歌搜索的原生 API 调用，以及如 Serper 和 SearchAPI 的第三方搜索服务的集成。这些函数在设计上保持了较高的一致性，尤其是在请求参数的定义上，通常需要以下几个关键参数。

1）key：字符串类型，表示搜索引擎的密钥。
2）url：字符串类型，表示搜索引擎的接口地址。
3）query：字符串类型，表示用户的完整查询内容。
4）num：数字类型，表示搜索后返回结果集的数量。

我们看一下搜索函数封装的代码，如代码清单 2-4 所示。

代码清单 2-4　搜索函数封装的代码

```
# 定义谷歌搜索函数
def search_with_google(query: str, subscription_key: str, cx: str):
    """
    Search with google and return the contexts.
    """
    params = {
        "key": subscription_key,
        "cx": cx,
        "q": query,
        "num": REFERENCE_COUNT,
    }
    response=requests.get(GOOGLE_SEARCH_ENDPOINT,params=params,timeout=DEFAULT_
        SEARCH_ENGINE_TIMEOUT)
    if not response.ok:
        logger.error(f"{response.status_code} {response.text}")
        raise HTTPException(response.status_code, "Search engine error.")
    json_content = response.json()
    try:
        # 从结果集中按照顺序取小于等于指定数量的搜索结果
        contexts = json_content["items"][:REFERENCE_COUNT]
    except KeyError:
        logger.error(f"Error encountered: {json_content}")
        return []
    return contexts
```

调用这些函数后，系统将向对应的搜索引擎发起查询，并返回搜索结果。返回的数据结果通常包含以下字段，以提供搜索内容的详细信息和相关元数据。
- url：字符串类型，表示检索到的网页的地址。
- title：字符串类型，表示检索到的网页的标题。
- snippet：字符串类型，表示检索到的网页的摘要。

3. RAG 类

RAG 类继承于 Lepton 的 Photon 类，Photon 类是 leptonai 包中定义的包含了各种网络相关处理的基类，可以认为是将 FastAPI 框架以及其他功能又封装了一层。由于此 RAG 类内容较多，因此下面会分几个模块进行介绍。

1）在 RAG 类的初始化函数中定义了 deployment_template 属性和 init 初始化函数，它们主要用于初始化 Photon 类所需要的相关参数，如代码清单 2-5 所示。

代码清单 2-5　RAG 类的初始化函数

```
class RAG(Photon):
    # 定义 lepton 部署所需配置
    deployment_template = {
        # 定义资源类型，可选项有 cpu.small、cpu.medium、cpu.large、gpu.a10 等
        "resource_shape": "cpu.small",
        # 定义环境变量
        "env": {
            # 选择搜索引擎服务，LEPTON 是其中的一种，也可以是 BING、GOOGLE 等
            "BACKEND": "LEPTON",
            # 定义大模型
            "LLM_MODEL": "mixtral-8x7b",
            # 搜索相关数据的 KV 存储名（KV_NAME）
            "KV_NAME": "search-with-lepton",
            # 是否生成相关问题
            "RELATED_QUESTIONS": "true",
            # 代码略
        },
        # 定义相关密钥
        "secret": [
            # 如果使用必应搜索，需要设置对应的 API 密钥
            "BING_SEARCH_V7_SUBSCRIPTION_KEY",
            # 如果使用谷歌搜索，需要设置对应的 API 密钥
            "GOOGLE_SEARCH_API_KEY",
            # Lepton 工作空间对应的 Token
            "LEPTON_WORKSPACE_TOKEN",
            # 代码略
        ],
    }

    def init(self):
        """
        初始化 Photon 类的配置
```

```python
"""
# 首先登录 LeptonAI
leptonai.api.v0.workspace.login()
# 读取服务启动时命令行中传递的 BACKEND 参数, 此参数表示使用哪个搜索引擎
self.backend = os.environ["BACKEND"].upper()
if self.backend == "BING":
    self.search_api_key = os.environ["BING_SEARCH_V7_SUBSCRIPTION_KEY"]
    self.search_function = lambda query: search_with_bing(
        query,
        self.search_api_key,
    )
elif self.backend == "GOOGLE":
    self.search_api_key = os.environ["GOOGLE_SEARCH_API_KEY"]
    self.search_function = lambda query: search_with_google(
        query,
        self.search_api_key,
        os.environ["GOOGLE_SEARCH_CX"],
    )
# 其他类型搜索引擎的初始化
# elif (代码略)
# 定义大模型
self.model = os.environ["LLM_MODEL"]
# 定义执行异步任务的执行器, 比如将搜索结果的数据保存到 KV 存储数据库中
self.executor = concurrent.futures.ThreadPoolExecutor(
    max_workers=self.handler_max_concurrency * 2
)
# 创建 KV 存储数据库, 用于存储搜索结果的数据
self.kv = KV(
    os.environ["KV_NAME"], create_if_not_exists=True, error_if_exists=False
)
# 是否推荐相关问题
self.should_do_related_questions = to_bool(os.environ["RELATED_QUESTIONS"])
```

2) 在 RAG 类中定义了获取本地线程客户端的函数。在高并发场景下，因为单例的客户端被多个线程共用，会导致出现数据错误等一些异常情况，所以是线程不安全的。为了确保线程安全，这个函数会创建一个线程安全的大模型客户端。RAG 类中获取本地线程客户端的函数如代码清单 2-6 所示。

代码清单 2-6　RAG 类中获取本地线程客户端的函数

```python
class RAG(Photon):
    # 返回本地线程中的客户端
    def local_client(self):
        # 创建一个线程局部存储
        thread_local = threading.local()
        try:
            # 如果本地线程存储中已经定义了 OpenAI 客户端, 则直接返回
            return thread_local.client
        except AttributeError:
```

```
# 创建本地线程中唯一的一个 OpenAI 客户端
thread_local.client = openai.OpenAI(
    base_url=f"https://{self.model}.lepton.run/api/v1/",
    api_key=os.environ.get("LEPTON_WORKSPACE_TOKEN")
    or WorkspaceInfoLocalRecord.get_current_workspace_token(),
    # We will set the connect timeout to be 10 seconds, and read/write
    # timeout to be 120 seconds, in case the inference server is
    # overloaded.
    timeout=httpx.Timeout(connect=10, read=120, write=120, pool=10),
)
return thread_local.client
```

3）在 RAG 类中定义了获取相关问题的函数，用于在答案生成后，生成一些推荐的相关问题，方便用户进一步快速了解相关问题。注意，ask_related_questions 函数是大模型接口中 tool 参数使用的一个工具函数，但函数体为空，这说明在这个大模型的工具调用其实并无实质性作用，还是使用大模型生成作为相关答案。RAG 类中定义的获取相关问题的函数如代码清单 2-7 所示。

代码清单 2-7　RAG 类中定义的获取相关问题的函数

```
class RAG(Photon):

    def get_related_questions(self, query, contexts):
        """
        基于查询和上下文内容，生成相关的问题
        """
        # 声明提问相关问题的工具
        def ask_related_questions(
            questions: Annotated[
                List[str],
                [(
                    "question",
                    Annotated[
                        str, "related question to the original question and context."
                    ],
                )],
            ]
        ):
            """
            更进一步提出与输入和输出有关的问题
            """
            pass

        try:
            # 调用本地线程中的 OpenAI 客户端
            response = self.local_client().chat.completions.create(
                model=self.model,
                messages=[
                    # system 部分的提示词
```

```
                {
                    "role": "system",
                    # 使用换行符把搜索结果中的每个摘要都拼起来
                    "content": _more_questions_prompt.format(
                        context="\n\n".join([c["snippet"] for c in contexts])
                    ),
                },
                # user 部分的提示词
                {
                    "role": "user",
                    "content": query,
                },
            ],
            tools=[{
                "type": "function",
                "function": tool.get_tools_spec(ask_related_questions),
            }],
            max_tokens=512,
        )
        related = response.choices[0].message.tool_calls[0].function.arguments
        if isinstance(related, str):
            related = json.loads(related)
        return related["questions"][:5]
    except Exception as e:
        return []
```

4）在 RAG 类中定义了核心查询接口，其路径为 /query。此接口基于 FastAPI 框架，并使用了 fastapi.responses 包中提供的 StreamingResponse 类，用于实现流式搜索的功能。注意，为了实现分享功能，分享链接是固定的，且链接中有一个 ID 参数，这个参数就是每一次查询时前端都会生成并传递给查询接口的唯一 ID。后端会使用这个 ID 从 KV 存储中检索出结果并返回，从而实现分享功能。如果检索不到结果，就认为是一次新的查询，执行重新搜索生成的逻辑。RAG 类的核心查询接口如代码清单 2-8 所示。

代码清单 2-8　RAG 类的核心查询接口

```
class RAG(Photon):

    @Photon.handler(method="POST", path="/query")
    def query_function(
        self,
        query: str,
        search_uuid: str,
        generate_related_questions: Optional[bool] = True,
    ) -> StreamingResponse:
        """
        查询并返回结果
        - query：用户查询内容
        - search_uuid：每次搜索时的唯一 ID
```

```python
    - generate_related_questions: 是否生成相关问题
    """
    # 如果在 KV 存储中存在此次查询的唯一 ID,则直接返回对应的结果
    # 否则进行搜索生成
    if search_uuid:
        try:
            result = self.kv.get(search_uuid)
            def str_to_generator(result: str) -> Generator[str, None, None]:
                yield result
            return StreamingResponse(str_to_generator(result))
        # 异常处理
        except KeyError:
            # 代码略
        except Exception as e:
            # 代码略
    else:
        raise HTTPException(status_code=400, detail="search_uuid must be provided.")

    # query 参数检查和处理
    query = query or _default_query
    query = re.sub(r"\[/?INST\]", "", query)

    # 调用搜索函数,把搜索结果赋值到 contexts 变量
    contexts = self.search_function(query)

    # 拼装调用大模型生成答案时需要的 System 提示词
    system_prompt = _rag_query_text.format(
        # 使用 [[citation:序号]] 把每一个搜索结果的摘要都拼一起
        context="\n\n".join(
            [f"[[citation:{i+1}]] {c['snippet']}" for i, c in enumerate(contexts)]
        )
    )

    try:
        # 开始调用 OpenAI 大模型客户端
        client = self.local_client()
        llm_response = client.chat.completions.create(
            model=self.model,
            messages=[
                {"role": "system", "content": system_prompt},
                {"role": "user", "content": query},
            ],
            max_tokens=1024,
            stop=stop_words,
            stream=True,
            temperature=0.9,
        )
        if self.should_do_related_questions and generate_related_questions:
            # 如果需要相关问题,则调用 get_related_questions() 函数并生成
            related_questions_future = self.executor.submit(
```

```
                    self.get_related_questions, query, contexts
                )
            else:
                related_questions_future = None
        except Exception as e:
            logger.error(f"encountered error: {e}\n{traceback.format_exc()}")
            return HTMLResponse("Internal server error.", 503)

        # 流式返回
        return StreamingResponse(
            self.stream_and_upload_to_kv(
                contexts, llm_response, related_questions_future, search_uuid
            ),
            media_type="text/html",
        )
```

4. 启动入口

当在命令行中执行 search_with_lepton.py 脚本时，就会执行这段逻辑。在启动逻辑中，先创建一个 RAG 实例对象，再调用基类的 launch() 方法，然后基类就会自动完成所有初始化和启动 HTTP 接口等相关的操作，最后服务就启动成功了，并会开放它对外提供服务的接口。后端服务的启动逻辑如代码清单 2-9 所示。

代码清单 2-9　后端服务的启动逻辑

```
if __name__ == "__main__":
    rag = RAG()
    rag.launch()
```

至此，整个源码分析也就结束了。通过本节的后端源码分析，相信大家对 AI 搜索的原理有了初步认识，这将为理解下一章的内容打下坚实的基础。

第3章

深入 AI 搜索核心技术

我们对 AI 搜索的底层实现及核心技术有了初步认识。本章将深入解读 AI 搜索的核心技术，全面探索其关键技术细节。

3.1 查询理解技术

当用户在 AI 搜索应用中输入问题后，系统需要对输入的问题进行深度分析，不仅要理解字面意思，还要推测其潜在意图，以准确把握查询需求，从而更精准地搜索相关结果，最后给出最准确的答案。理解用户查询的这一过程被称为查询理解，它是 AI 搜索的核心环节，直接影响搜索的智能化水平和用户体验。

3.1.1 问题分类机制

问题分类是查询理解中的重要步骤，也是提升搜索效果和用户体验的关键。为了更精准地识别用户意图，准确的问题分类能够帮助系统识别不同问题的类型，以便在后续业务逻辑中采取针对性的处理策略。

1. 应用场景

问题分类机制在客服对话系统中具有广泛的应用价值。在典型的产品客服问答场景中，问题分类器通常作为检索知识库的前置步骤。例如，当用户购买一件产品后，与客服的对话通常可以分为以下几类：与售后服务相关的问题、与产品操作相关的问题、与产品意见反馈相关的问题，以及其他类型的问题。通过这样的分类，系统能够针对不同问题类型快速匹配合适的知识库内容，从而高效地为用户提供精准的回复。

在 AI 搜索产品中，问题的边界通常不受限制，不同学科领域的问题往往需要采用专门的分析和处理方式，同时答案的内容呈现形式也会有所不同。例如，对于数学问题，系统可能需要生成公式、图表，甚至提供详细的推导步骤；而对于法律问题，则更倾向于引用法规条款、进行案例分析或提供解释性概念。

为了满足这一需求，问题分类成为关键的一步。在这一场景中，问题可以被划分为数学问题和法律问题两类。明确用户提问所属的具体类别后，系统便能够更精准地进行意图识别与规划，从而生成用户真正需要的答案，提供更优质的使用体验。

2. 实现方式

在大模型出现之前，实现类似的问题分类机制主要依赖于传统的 NLP 技术和经典的机器学习方法。例如，常见的基于规则的算法，以及朴素贝叶斯、支持向量机、决策树等机器学习模型。

现在，借助大模型的强大能力，在 AI 搜索系统中可以轻松构建高效的问题分类机制。根据实际需求，将用户的提问划分为几个主要类别，例如自然科学、人文科学、社会科学等领域。随后，通过设计针对问题分类的系统提示词，我们能够实现一个简单而实用的问题分类器，用于完成问题的自动化分类。以下是具体实现示例。

```
## 问题分类器
你是一个问题分类器，可以识别用户的问题属于什么类目。
## Context
- 自然科学与工程技术：如物理与天文、化学与材料、生命科学与环境、计算机与信息技术。
- 数学与逻辑学：如基础数学、高等数学、逻辑思维。
- 人文学科：文学与创作、语言学与交流、历史与文化、哲学与思想、艺术与审美。
- 社会科学：政治与法律、经济与管理、社会学与人类学、心理学与行为科学、医学。
- 生活与实用技能：教育与学习、生活与健康、运动与休闲、职业与创业。
- 交流与互动：日常对话。
## Constrains
返回结构如下所示：
```json
{
    "category": ""
}
```
Workflow
1. 认真理解用户输入的内容，先判断用户是在和你打招呼、和你简单地聊天，还是在向你提问。
2. 从 <Context> 中选择一个合适的类目，标记此用户的问题所属的类目。
3. 按要求返回结果。
```

下面输入一个简单的问候语"你好"，观察其输出结果。

输入：你好
输出：
交流与互动：日常对话。

在这一示例中，大模型能够准确理解该问题属于日常对话中的交流与互动范畴，并生成了相应的回应。接下来将提高难度，输入一个和艺术相关的问题，以进一步验证其分类与处理能力。

输入：如何理解凡·高的画作
输出：
人文学科：艺术与审美

在这个示例中，大模型又一次正确地理解这个问题属于人文学科中的艺术与审美，并生成了相应的回应。接下来再输入最后一个示例。

输入：明天什么天气
输出：
生活与实用技能：生活与健康

3. 明确分类标准

为了实现精准的分类，无论用户提出何种问题，大模型都能够准确识别其所属类别。这种能力的实现依赖于我们在提示词中设计了一套相互独立、层次分明的问题分类列表，并为每个类别定义了清晰的规则或特征，从而有效避免了分类模糊导致的模型困惑。当然，在实际应用中，示例中的分类器可能存在一些不足，分类列表仍需不断优化和完善。

因此，在设计问题分类机制时，明确分类标准至关重要。分类列表应确保各类别之间没有耦合关系，同时具备清晰的分层结构和逻辑。分类的合理性与清晰度不仅直接影响问题分类的准确性，还会对系统整体的回答质量和用户体验产生影响。

3.1.2 查询改写机制

查询改写机制是一项优化用户查询内容的关键技术，旨在增强搜索系统和智能问答系统对用户输入的理解能力，从而在联网搜索时获取更精准的结果，并生成更合理的回答。这一机制已被广泛应用于搜索引擎、电商平台、智能客服等多个领域。通过将用户查询转换为更精准、易于检索的关键词，查询改写机制不仅提升了系统的响应效率，还确保了用户能够获得最相关的结果，从而显著改善用户体验。

在 AI 搜索中，用户在输入查询内容时，可能会出现错别字、语义歧义或用词不当等问题，因此查询改写的核心任务就是对这些输入进行调整、优化和标准化。例如，即使用户没有提供明确的关键词，系统也能够根据查询内容进行改写，精准识别用户意图，并提供符合需求的回答。例如，用户输入"银行卡丢了怎么办？"系统可改写为"银行卡遗失补办流程"，并提供相应的解决方案。

除了上述示例之外，查询改写机制还广泛应用于其他场景。接下来将重点探讨几种常见的查询改写类型及其在实际应用中的具体表现。

1. 错别字纠正

下面的例子定义了一个问题改写器，主要用于错别字的纠正。

```
## 问题改写器
你是一个问题改写器，请完成错别字纠正
## Workflow
1. 认真理解用户输入的内容
2. 判断用户输入的内容是否有错别字
3. 输出纠正后的文字
```

下面输入一个具有错别字的查询，观察其输出结果。

输入：如何学习弹岗琴
输出：如何学习弹钢琴

在正常情况下，大模型能够轻松完成错别字纠正任务，因为这类操作对于大模型而言相对简单、直观，不需要处理复杂的上下文逻辑。

2. 歧义消除

下面的例子定义了一个歧义消除器，主要用于消除有歧义的内容。

```
## 角色
你是一个问题歧义消除器，请完成歧义消除
## 要求
1. 你只需要做指代消除和省略补全
2. 禁止对第一人称和第三人称做指代消解
3. 第三人称指代，比如他、它、这个人、那个人、这本书、这篇文章等
4. 如果用户提问有表达不完整的情况，则你需要根据上下文完成省略补全
## 工作流
1. 认真理解用户输入的内容
2. 输出修改后的一个或多个用户问题
## 任务
你需要对用户问题做指代消解及省略补全
```

我们先使用下面的例子，测试它会如何输出。

输入：牛顿是谁
输出：牛顿是谁？

上述例子并不需要歧义消除，所以输出符合预期。接下来将输入一个包含指代关系"他"的查询内容，以观察大模型对这种情况的处理及其输出结果。

输入：他的主要贡献
输出：牛顿的主要贡献是什么？

在正常情况下，大模型能够准确地完成歧义消除。如果我们后续的流程中依赖用户输入的内容，比如需要使用用户输入的内容进行搜索，当用户输入"他的主要贡献"时，我们如果直接使用这个内容进行搜索，搜索引擎一定不知道"他"是谁，所以我们就需要使用大模型进行歧义消除，让它帮我们给出消除歧义后的内容"牛顿的主要贡献是什么？"。这样就可以完美解决搜索引擎搜索词不明确的问题。

当然，这只是歧义消除的应用场景之一，我们可以根据实际场景的需求，针对不同的

内容进行歧义消除。

3. 用词优化

下面的例子定义了一个用词优化器，主要用于优化用词。

```
## 角色
你是一个用词优化器，请完成用户输入中的用词优化。
## 要求
1. 用户输入的问题中如果有不合适的词汇，则需要使用词性相同或更合适的词汇来代替。
## 工作流
1. 认真理解用户输入的内容。
2. 判断用户输入的问题中是否有不合适的词汇。
3. 如果有不合适的词汇，需要使用词性相同或更合适的词汇来代替。
4. 输出优化后的内容。
## 任务
你需要对用户问题做用词优化。
```

下面输入一个包含不当用词"星期七"的查询内容，观察其输出结果。

```
输入：星期七的亲子活动推荐
输出：周日的亲子活动推荐
```

在正常情况下，大模型应该能够准确识别"星期七"这一用词的不当之处，因为无论是在书面语还是口语表达中，它都不存在，这属于明显的错误表达。

4. 综合性改写

在上述内容中，我们定义了三个不同的改写类型。然而在实际应用场景中，如果定义过多不同改写方向的提示词，不仅会增加开发和维护的复杂性，还会导致网络请求和模型推理耗时的显著增加。因此，为了提高效率和简化操作，通常需要将多个改写类型统一合并到一个提示词中，这种提示词被称为综合性改写提示词。通过综合性改写提示词，可以在一次生成中满足多种改写需求，从而优化性能并降低开发成本，如下所示。

```
# 角色
查询改写器
## 示例
### 示例1
输入：李白
输出：
```json
{
"query_list": ["李白"],
}
```
输入：他是谁
输出：
```json
{
"query_list": ["李白是谁"],
}
```
```

```
### 示例2
输入：求鞋推荐
输出：
```json
{
"query_list": [" 球鞋推荐 "],
}
```
要求
1．不要扩展提问的含义。
2．返回结构如下所示。
```json
{
"query_list": [],
}
```
工作流
1．认真理解聊天记录。
2．先判断用户的提问是否存在指代。
3．如果存在指代，则你需要根据上下文，完成指代消解。
4．再判断用户的提问是否存在省略（表达不完整、不清晰）。
5．如果存在省略，则你需要根据上下文，完成省略补全。
6．把修改后的一个或多个用户查询语句，按要求的结构返回
任务
你需要对用户的查询语句做指代消解及省略补全

下面输入问题，看它会如何回复：

输入：李白
输出：
{
"query_list": [" 李白 "],
}

我们再输入有指代的情况下，看它会如何改写：

输入：他是谁
输出：
{
"query_list": [" 李白是谁 "],
}

我们再输入上下文中存在歧义的问题，看它如何改写：

输入：他年龄呢？
输出：
{
"query_list": [" 李白年龄 "],
}

通过这个例子可以看出来，这个查询改写提示词基本可以满足我们的需求。
```

3.1.3 查询扩展机制

查询扩展是查询改写的一种形式,但它们的核心目标存在显著差异。查询改写的主要目的是修正查询内容中的错误,以提升搜索的精准度。而查询扩展则旨在丰富搜索词,通过扩大查询词的范围来提高搜索的召回率。

简单来说,查询扩展是将一个相对局限的查询词扩展为多个更具包容性的查询词,从而扩大搜索结果的覆盖范围。例如,当用户输入"鞋子"时,由于词义较为局限,系统可以将这一个查询词逐步扩展为"球鞋""运动鞋""男鞋""女鞋"等多个查询词,以提供更加丰富的搜索结果。

在进行查询扩展时,需要特别关注查询扩展范围与查询原意之间的平衡,即既要提高召回率,又要确保搜索结果的相关性,避免因扩展而偏离原查询意图。常见的查询扩展方法包括以下几种。

- **根据同义词扩展**:使用同义词、近义词进行扩展。例如,"汽车"可以扩展为"轿车"等。
- **根据概念层级扩展**:根据语义层次进行扩展。例如,"猫"可以扩展为"宠物""动物"等。
- **根据相近概念扩展**:扩展到与原查询词相关的相近概念。例如"智能手机"可以扩展为"5G 手机""安卓手机"等。
- **根据兴趣推荐扩展**:基于历史搜索数据,分析用户可能感兴趣的查询词。例如,搜索"电子琴"的用户,可能对"电子琴教学"或"乐器学习"感兴趣。

下面的示例定义了一个查询扩展器,要求它按照一定的优先级进行扩展,保证最优先的查询词在前,以下是详细的系统提示词。

```
## 角色
你是一个查询扩展器,请对用户输入的内容进行扩展。
## 要求
1. 最高优先:使用同义词、近义词扩展。
2. 中等优先:使用概念层级扩展,如"猫""狗"可以扩展为"宠物"。
3. 最低优先:使用相近概念扩展,如"智能手机"可以扩展为"苹果手机""安卓手机"。
## 工作流
1. 认真理解用户输入的内容。
2. 按照要求,对用户输入的内容进行扩展。
3. 给出最相关的前 5 个扩展词。
4. 输出扩展后的内容。
## 任务
你需要对用户输入的内容进行扩展。
```

下面输入一个简单的"葡萄"这种查询词,观察其输出结果。

```
输入:葡萄
输出:葡萄、葡萄干、葡萄酒、葡萄树、果实、水果。
```

在这个示例中，大模型按照不同的优先级，把"葡萄"这一个查询词扩展出了 6 个不同概念的查询词。当然，大家可以根据自己的需求进行详细的扩展设定。

所以，在 AI 搜索应用中，查询扩展是搜索优化中不可或缺的技术手段，它通过智能地增加搜索词的范围，确保用户能够获得更多、更全面的相关信息。但是，在扩展过程中，一定要注意合理控制扩展力度，避免因过度扩展而导致搜索结果偏离用户需求。

3.1.4 意图识别与规划

意图识别与规划是查询理解中最关键也是最后一步的核心技术，主要包括意图识别、思考推理和生成规划三个环节。意图识别与规划技术的工作原理可以概括如下。首先，通过意图识别精准挖掘用户的真实需求；随后，基于思维链技术对用户意图进行深入分析和推理，构建完整的逻辑链路；最后，依据生成的推理链路，制定相应的规划方案，为后续的回答或操作提供清晰的执行路径。

1. 意图识别

意图识别的核心在于通过降低用户的交互成本，精准解析用户输入语句背后的真实意图，挖掘用户的实际需求，并理解他们希望获得的具体帮助。例如，用户可能只是想进行随意的聊天，也可能希望获取某个问题的查询结果，或者需要深入的讲解与分析。这些不同的需求对应着截然不同的意图，决定了后续交互的方向。

意图识别技术已经取得了显著的进展，即使用户未能完整或明确表达需求，借助大模型强大的自然语言理解能力，系统通常也能较为精准地识别其意图。然而，在实际应用中，这一技术仍然面临诸多挑战，包括应对复杂语境、应对多轮交互中的意图变化，以及处理模糊或歧义表达等问题。以下是这些挑战的具体分析。

- **多重意图**：同一查询可能包含多个需求。例如，用户提问"如何学习唱歌？推荐一些在线课程"。在这个查询中既涉及学习唱歌的方法，又包含课程推荐的需求。
- **表达多样性**：不同用户可能用不同方式表达相同的意图，例如"如何学唱歌""唱歌技巧有哪些""零基础学唱歌的方法"三种不同的提问方式，背后深层次的意图都指向了学习唱歌的需求。
- **上下文依赖**：在连续的多轮对话中，用户意图可能随着对话推进而变化，系统须具备上下文理解能力，以准确识别用户需求。

2. 思考推理

在完成意图识别后，下一步需要进行深入的思考推理，即基于思维链的方式，将用户的整体意图拆解为多个子问题（或子任务）。每个子问题既要互相独立，又需保持逻辑上的连贯性，确保合理的执行顺序，从而形成清晰的推理链路。

例如，在"模仿静夜思再写一首类似的诗"这一查询要求中，用户的显性意图是仿写诗句，但其中还隐藏了"静夜思的背景与全诗内容"这一隐性条件。因此，系统需要先进行思考推理过程：首先理解"静夜思"是什么样的诗，并查询其格式与全诗内容，接着分析这首诗的背景和创作风格。最后，基于这些信息仿写出符合要求的诗句。

再举一个例子，在"如何学习唱歌？推荐一些在线课程"这一查询中，系统需要先明确"学习唱歌"所涉及的核心技能（如发声、节奏、气息控制等），然后针对这些技能进行分类搜索，找到相关的学习资源。最后，进一步推荐适合用户需求的在线课程。

3. 生成规划

通过逐步推理的方式，系统能够生成一条完整的推理链路来解析用户的意图。在此基础上，系统会依据推理链路制定并生成相应的规划，即一系列明确的操作步骤（操作列表）。这些操作步骤构成了系统的执行路径，指导系统如何逐步完成任务，确保能够提供更具针对性的答案。这种规划机制更好地满足了用户的实际需求，优化了交互体验。

在生成操作列表时，系统需特别关注各项操作之间的衔接与流畅性，以确保规划的逻辑性和执行的有效性。例如，在搜索系统中，当用户输入"如何学习唱歌"时，系统的规划可能包括多个步骤，如下所示。

```
输入：如何学习唱歌？
输出：[
"识别用户的核心意图为学习唱歌",
"联网搜索唱歌的方法和教程，输出结果",
"联网搜索如何进行发声练习，输出结果",
"联网搜索如何控制气息，输出结果",
"联网搜索如何掌握节奏，输出结果",
"输出经过总结后的如何学习唱歌的答案"
]
```

在上述输出结果中，这一规划流程不仅展现了系统的思考推理能力，还保证了对用户需求的全面、精准响应，提升了用户体验和系统的实用性。

4. 完整提示词示例

通过上面的内容，我们知道在意图识别与规划中，最核心的是先识别用户的意图，然后基于意图给出相应的思考推理链路，最后生成规划。我们把整个过程全部融合到了如下的系统提示词中。

```
# 角色
你是一个对用户提问做分析和深度意图挖掘，并动态给出规划的助手。
## 目标
对用户提问做分析和深度意图挖掘，并动态给出相应的规划。
## 可选择的意图
- 方法 / method：比如"如何零基础学习唱歌""如何学习大模型技术""如何自学高等数学"。
- 创作 / write：比如"帮我写一篇短篇小说""给我写篇关于大模型技术的博客""帮我写篇关于春天的自媒体文章"。
- 总结 / summary：比如"天空为什么是蓝色的""为什么大模型会出现幻觉"。
- 无 / none：无任务意图，比如"你好啊""请问你是谁啊"。
## 可选择的动作
```

- 联网搜索并输出：{"type": "search_web_and_output", "keyword": "the search keyword", "part": "which part does the output belong to"}
- 知识库搜索并输出：{"type": "search_local_and_output", "keyword": "the search keyword", "part": "which part does the output belong to"}
- 仅输出：{"type": "output", "part": "which part does the output belong to"}
- 结束：{"type": "end"}
示例
教我零基础学习 Python 语言
```json
{
    "thought": "嗯，你向我询问学习 Python 编程语言。考虑到你是零基础，可能从事非计算机领域工作。所以在回答前，我会先帮你联网搜索并解释编程语言和计算机领域的关系，接着我会联网搜索编程语言的作用。然后我开始正式回答你的问题，开始联网搜索并告诉你 Python 语言的基础知识和学习方法，再帮你联网搜索和推荐一些相关的学习课程，最后我会给你一些 Python 语言的编程案例供你学习使用。",
    "plan": [
        {"type": "search_web_and_output", "keyword": "编程语言和计算机领域的关系", "part": "编程语言的背景"},
        {"type": "search_web_and_output", "keyword": "编程语言的作用", "part": "编程语言的作用"},
        {"type": "search_web_and_output", "keyword": "Python 语言的基础知识", "part": "基础知识"},
        {"type": "search_web_and_output", "keyword": "Python 语言的学习方法", "part": "学习方法"},
        {"type": "search_web_and_output", "keyword": "Python 语言的学习课程推荐", "part": "课程推荐"},
        {"type": "search_web_and_output", "keyword": "Python 编程案例", "part": "编程案例"},
        {"type": "output", "part": "总结"},
        {"type": "end"}
    ],
    "intention": "method"
}
```
如何评价《喜剧之王》这部电影
```json
{
    "thought": "嗯，你想要评价《喜剧之王》这部电影，考虑到这部电影是周星驰的经典作品，评价需要从多个角度进行。首先，由于这是一部电影，我会进行知识库搜索并输出关于《喜剧之王》的基本信息和背景。接着，我会联网搜索并输出这部电影的主题和情节分析。然后，我会联网搜索并输出观众和影评人对这部电影的普遍评价。最后，我会总结这些信息，给出一个全面的评价。",
    "plan": [
        {"type": "search_local_and_output", "keyword": "喜剧之王基本信息", "part": "基本信息"},
        {"type": "search_web_and_output", "keyword": "喜剧之王主题和情节分析", "part": "主题和情节"},
        {"type": "search_web_and_output", "keyword": "喜剧之王观众评价", "part": "观众评价"},
        {"type": "search_web_and_output", "keyword": "喜剧之王影评人评价", "part": "影评人评价"},
```

```
            {"type": "output", "part": "总结评价"},
            {"type": "end"}
        ],
        "intention": "summary"
}
```
要求
1. 如果提问意图为"方法",必须按照有顺序、有逻辑和条理的方式来解答。
2. 如果提问意图为"总结",则必须在正面回答问题的前提下自行规划。
3. 只有涉及和电影信息相关的步骤时,你才能调用知识库搜索动作,即 search_local_and_output 动作。
注意
1. ** 禁止 ** 直接给出问题的答案,你只能分析问题。
2. 你生成的规划其实就是一个步骤列表,包括了在某个意图下生成的所有步骤列表。
3. 用户不会和你聊天,只会向你提问,所以你不能回答用户的问题,你只需要在经过分析和挖掘后,给出用户意图及规划。

在这个系统提示词中,我们主要定义了方法类、创作类、总结类和无这 4 个不同的意图,覆盖了提问中不同的问题场景,以及联网搜索并输出、知识库搜索并输出、仅输出和结束这 4 个不同的动作,用以实现在 AI 搜索中的检索与回答这两个核心动作。为什么要这样设计呢?在 3.2 节中我们会详细学习,这里先不展开介绍。

下面通过一个例子看看这个系统提示词会如何工作,先输入以下内容。

输入:如何学习微积分

在输入完成后,开始调用大模型并等待其响应完成,大模型的最终返回内容如下所示。

输出:
```
{
    "thought": "你想要了解如何学习微积分,这表明你可能对数学或相关领域有兴趣。微积分是高等数学的重要组成部分,学习它需要一定的数学基础和系统的方法。首先,我会联网搜索并输出微积分的基本概念和它在数学中的重要性,帮助你建立初步的认识。接着,我会联网搜索并告诉你学习微积分所需的基础知识。然后,我会联网搜索并推荐一些有效的微积分学习方法。此外,我还会帮你联网搜索并推荐一些优质的微积分学习资源,如教材、在线课程和练习题。最后,我会总结这些信息,给出一个系统的学习规划。",
    "plan": [
        {"type": "search_web_and_output", "keyword": "微积分基本概念和重要性",
            "part": "基本概念"},
        {"type": "search_web_and_output", "keyword": "学习微积分所需的基础知识",
            "part": "基础知识"},
        {"type": "search_web_and_output", "keyword": "微积分学习方法", "part":
            "学习方法"},
        {"type": "search_web_and_output", "keyword": "微积分学习资源推荐",
            "part": "学习资源"},
        {"type": "output", "part": "总结规划"},
        {"type": "end"}
    ],
    "intention": "method"
}
```

现在，我们来深入理解上述输出内容，并逐一分析"intention""thought"以及"plan"这三个字段的不同内容及其含义。首先，"intention"字段数据表示大模型经过意图识别后把这个问题理解为"方法类"意图。然后，在这个意图下形成了一个"thought"字段数据，表示一个完整的推理链路。最后，"plan"字段数据表示基于推理链路。通过组合这些不同的动作，构成了一个完整的规划。

3.2 规划执行技术

在经过意图识别与规划后，系统会生成查询所对应的规划，即一系列完整的操作步骤（操作列表）。规划定义了后续阶段的所有执行流程和执行细节，接下来，就需要把这些步骤转化为具体行动。

3.2.1 动作的分类

在 3.1 节中我们给出了意图与规划的一个完整提示词示例，其中定义了 4 种不同的动作类型。而在回答问题时，通常采用两种方法：一种是基于模型能力的回答，另一种是基于检索的增强（RAG）回答。下面对这 4 种动作类型进行简单解释。

1. 仅输出

此类型的动作表示直接调用模型进行回答，这是一种基于大模型能力的输出方案。

2. 联网搜索并输出

此类型的动作表示先进行联网搜索，并将搜索结果作为上下文信息传递给大模型，最后调用大模型进行输出。这种方案是一种基于联网搜索的 RAG 输出模式，它结合了检索与生成的能力。从本质上看，这种动作是联网搜索动作与仅输出动作的组合，为了防止大模型出现只有搜索没有输出的问题。

联网搜索的核心在于突破大模型自身知识的限制，访问庞大的互联网知识，从而扩大其知识面，增强解决问题的场景。

- 联网的优势：互联网数据非常庞大，基本上没有查询不到的知识数据。
- 联网的劣势：互联网数据缺少严格的审核机制，许多网页中可能有错误的、虚假的信息，容易对大模型产生误导。

3. 知识库搜索并输出

此类型的动作，表示先进行知识库的搜索，并将搜索结果作为上下文信息传递给大模型，最后调用大模型进行输出。这种方案是一种基于知识库搜索的 RAG 输出模式，其核心在于结合检索与生成的能力。从本质上看，这种动作是知识库搜索动作与仅输出动作的组合，以防止大模型出现只有搜索没有输出的问题。

知识库通常是指系统内部经过预处理、筛选与审核的封闭且固定的知识集。这类知识库的内容通常来源于特定领域的专业资料，比如教材与教辅资料、报告等。
- 知识库的优势：可以有效避免知识错误，提高答案的权威性。
- 知识库的劣势：知识是封闭且固定的，具有静态的特征，无法及时更新和扩展。

4. 结束

此类型的动作，表示规划列表中动作的结束，并无实际业务意义。

3.2.2 调用仅输出动作

"调用仅输出动作"是指大模型凭借其自身强大的泛化能力，在面对未曾见过的问题时，能够运用训练过程中学到的知识和模式，生成合理的输出或做出准确的预测，这使得大模型几乎具备回答所有问题的能力。

1. 适用场景

目前，大模型的这种泛化能力尚无法保证结果的准确性，在许多场景中还无法避免出现幻觉的问题。不过，这并不意味着所有场景下都不可以使用大模型来回答问题，比如对话只是一些简单的场景，或者是弱知识的聊天类场景，可以直接使用大模型来回答。这样既可以提升速度，又可以减少不必要的成本开销。

当用户提问"给我讲个简单的300字以内的小故事"后，在意图识别与规划阶段，大模型的返回内容如下所示。

```
输出：{
  "thought": "嗯，你希望我创作一个简单的小故事，字数限制在300字以内。我可以为你构思一个
      情节简洁、有趣且富有意义的小故事。首先，我会设定故事的主题和背景，比如友情、冒险或成
      长。接着，我会设计主要角色和他们的性格特征。然后，我会构建一个简单的情节，包括开端、
      发展和结局。最后，我会将这些元素整合成一个完整的小故事并输出。",
  "plan": [
      {"type": "output", "part": "主题和背景"},
      {"type": "output", "part": "角色设计"},
      {"type": "output", "part": "情节构建"},
      {"type": "output", "part": "完整故事"},
      {"type": "end"}
  ],
  "intention": "write"
}
```

在这个输出结果中，大模型将此问题识别为创作意图，然后基于此意图进行思考后生成了相应的推理链路，最后给出了对应的规划结果。

2. 实现过程

在上面的这个规划结果中，可以看到每一个规划的动作都是"仅输出"。这意味着，在循环执行这个动作列表的过程中，每一步操作都是直接调用大模型生成的输出。

在调用大模型的过程中，需要传递两个关键提示词：系统提示词和用户提示词。其中，系统提示词的内容如下所示。

```
# 角色
你是一个 AI 回答助手。
## 注意
- 用户提问表示他关注的主要问题。
- 你每次只需对要求输出的这部分进行解答。
## 目标
请根据用户的要求执行，并以 Markdown 格式输出。
```

在用户提示词的设计中，我们采用了一种将用户的原问题与当前步骤需要输出的内容结合起来的方式。这种设计的优势在于，大模型能够始终明确理解用户的核心问题，并以此作为回答的目标。在此基础上，每个步骤中，模型仅需专注于提示词中"part"字段所指示的具体任务，专注于输出当前步骤所需的内容。

这种逐步拆解的方式不仅提升了回答的准确性，还确保了逻辑的严密性，使最终的解答更加清晰和可靠。来看以下示例中的用户提示词。

```
## 用户提问
给我讲一个简单的 300 字以内的小故事。

## 开始输出这部分
主题和背景
```

现在，我们把上面的用户提示词输入给大模型，大模型的输出内容如下所示。

```
输出：
### 主题和背景

** 主题 **：勇气与友情
** 背景 **：一个小村庄坐落在群山之间，村庄旁有一片神秘的森林。传说森林深处藏着一颗能实现愿望的星星，但只有真正勇敢的人才能找到它。
```

从上述的输出内容中可以看到，大模型按照要求，在符合用户原问题的目标下，对"主题和背景"这部分进行了解答。

3. 生成完整答案

那么，如何生成完整的答案呢？实际上，我们只需重复分步解答的流程，逐步获取答案的其他部分内容，如"角色设计""情节构建"和"完整故事"。通过依次完成每个部分的生成，并将这些部分拼接起来，最终便可得到一份完整且符合用户需求的答案。这种逐步构建的方式不仅有助于确保每个部分的质量，还能提升答案的整体连贯性和逻辑性。

3.2.3 调用搜索并输出动作

"调用搜索并输出动作"动作主要包含两种形式：调用联网搜索并输出以及调用知识库

搜索并输出。二者区别仅在于检索的数据源不同，以及系统提示词中所使用的上下文内容有所差异。因此，本节将以"调用联网搜索并输出"为例进行介绍。

1. 适用场景

对于具有强知识性的问题，我们通常需要借助大模型结合搜索功能来生成答案。例如，当用户提问"谁写的这首诗：今朝有酒今朝醉，明日愁来明日愁"时，在意图识别与规划阶段，大模型会返回如下内容。

```
输出: {
    "thought": "嗯，你询问这首诗的作者，考虑到这是一句古诗词，我需要进行深度分析和挖掘。首
        先，我会联网搜索并输出这句诗的出处和作者信息。接着，我会进一步分析这句诗的背景和含义。
        最后，我会对这句诗进行总结，帮助你更好地理解它。",
    "plan": [
        {"type": "search_web_and_output", "keyword": "今朝有酒今朝醉这句诗的出处和
            作者", "part": "作者信息"},
        {"type": "search_web_and_output", "keyword": "今朝有酒今朝醉这句诗的背景和
            含义", "part": "背景和含义"},
        {"type": "output", "part": "总结"},
        {"type": "end"}
    ],
    "intention": "summary"
}
```

在这个输出结果中，大模型将此问题识别为总结意图，然后基于此意图进行思考并生成了相应的推理链路，最后给出了对应的规划结果。在这个规划结果中，主要包括 3 个步骤，其中前 2 个步骤都是联网搜索并输出，只有第 3 个步骤是直接调用大模型输出。

2. 实现过程

首先，我们可以将不同的网络搜索引擎 API 封装为通用的搜索工具，提供一套预定义的、结构化的方法，使调用搜索引擎的功能更加规范化。这种设计不仅能够屏蔽具体服务商的细节，还可以灵活切换不同的搜索引擎，提升系统的可扩展性。联网搜索工具的实现，如代码清单 3-1 所示。

代码清单 3-1　联网搜索工具的实现

```python
from typing import Any
from langchain_community.utilities import BingSearchAPIWrapper


class WebSearch:
    """
    必应搜索类
    """
    _engine: Any

    ENGINE_TYPE_BING = "bing"
    ENGINE_TYPE_GOOGLE = "google"
```

```python
    def __init__(self, engine: str, engine_config: dict):
        if engine == self.ENGINE_TYPE_BING:
            self._engine = BingSearchAPIWrapper(
bing_subscription_key=engine_config["bing_subscription_key"],
                bing_search_url=engine_config["bing_search_url"],
            )

    def search(self, query: str, count: int) -> list:
        """
        开始搜索
        :return:
        """
        result: list = []
        if self._engine == self.ENGINE_TYPE_BING and isinstance(self._engine,
            BingSearchAPIWrapper):
            search_list = self._engine.results(query=query, num_results=count)
            for search_item in search_list:
                result.append({
                    "title": search_item["title"],
                    "url": search_item["link"],
                    "icon": search_item["icon"],
                    "desc": search_item["snippet"],
                })
        return result
```

在这段代码中，我们使用了必应搜索作为搜索引擎，它会返回一个搜索结果列表，其中每一个搜索结果中有以下 4 个字段。

- title：检索到的网页标题。
- link：检索到的网页链接。
- icon：检索到的网页图标。
- snippet：检索到的网页简介信息。

其中，snippet 字段表示的是网页简介，而不是整个网页的内容。如果想要获取这个网页的完整内容，需要进行网页抓取。以规划的第一个步骤为例，当联网搜索"今朝有酒今朝醉这句诗的出处和作者"后，需要封装搜索结果中的这些网页信息封装为上下文传输给大模型，具体如下所示。

1. "今朝有酒今朝醉"出自唐代罗隐的《自遣》，诗句共 7 个字，诗句拼音为：jīn zhāo yǒu jiǔ jīn zhāo zuì，诗句平仄：平平仄仄平平仄。
2. "今朝有酒今朝醉，明日愁来明日愁"出自唐代罗隐的《自遣》，译文：今天有酒就痛快畅饮喝他个酩酊大醉，明日的忧虑就等明天再烦愁。
3. 罗隐（833—909 年），字昭谏，杭州新城人，唐末五代时期诗人、文学家、思想家。他小时候就在乡里以才学出名，他的诗和文章都很出众，为当时士人所推崇，他和同族另外两个有才者被合称为"三罗"。

接下来主要调整系统提示词中的上下文部分。具体而言，需要将封装好的网页信息填充到上下文中，以便大模型能够基于这些信息进行更准确的回答，具体如下所示。

```
# 角色
你是一个 AI 回答助手。
## 注意
- 用户提问表示他关注的主要问题。
- 你每次只需要对要求输出的这部分进行解答,并输出标题。
- 你将获得一组与问题相关的上下文。
- 除了代码和特定名称和引用之外,你的答案必须使用与问题相同的语言编写。
## 上下文
1. "今朝有酒今朝醉"出自唐代罗隐的《自遣》,诗句共 7 个字,诗句拼音为: jīn zhāo yǒu jiǔ jīn zhāo zuì, 诗句平仄:平平仄仄平平仄。
2. "今朝有酒今朝醉,明日愁来明日愁"出自唐代罗隐的《自遣》,译文:今天有酒就痛快畅饮喝他个酩酊大醉,明日的忧虑就等明天再烦愁。
3. 罗隐(833—909 年),字昭谏,杭州新城人,唐末五代时期诗人、文学家、思想家。他小时候就在乡里以才学出名,他的诗和文章都很出众,为当时士人所推崇,他和同族另外两个有才者被合称为"三罗"。
## 目标
根据上下文中的参考信息,按照用户的要求执行。请以 Markdown 格式输出。
```

然后,我们把用户提示词输入给大模型,具体如下所示。

```
## 用户提问
谁写的这首诗:今朝有酒今朝醉,明日愁来明日愁

## 开始输出这部分
作者信息
```

在把上面的用户提示词输入到大模型后,大模型的输出结果如下所示。

```
输出:
### 作者信息
```

这句诗出自唐代诗人罗隐的作品《自遣》。

输出结果表明,通过在系统提示词中添加上下文并补充相关网页信息,大模型能够有效利用外部数据进行推理,从而生成更加精准的回答。

3. 生成完整答案

同样,我们只需重复分步解答的流程,并将获得的答案部分拼接起来,最终便可得到一份完整且符合用户需求的答案。

需要注意的是,在这个例子中,第 1 步和第 2 步都需要将搜索结果记录下来,并将这些搜索结果封装为上下文传递给大模型。然而,第 3 步是直接调用大模型进行输出,并未进行联网搜索操作。为了确保第 3 步与第 1 步和第 2 步的内容保持一致,我们需要在程序中存储每一次的搜索数据,并在第 3 步调用大模型时,将本次问答中所有已检索到的数据统一封装为上下文传递给大模型。

3.2.4 基于 Agent 的执行过程

在具体实现中,规划执行技术主要有两种方案:基于 Agent 的执行和基于工作流的执

行。本节将介绍基于 Agent 的执行过程，而 3.2.5 节将详细讲解基于工作流的执行过程。这两种方案各有特点，适用于不同的应用场景。

Agent 是基于大模型能够自主感知环境并采取行动达成目标的一个系统，可以用来解决更复杂的问题。简单来说，它模拟了人脑思考的过程，是一个具有自主理解、自主规划、自主决策、自主执行的大模型系统。

- 自主理解：Agent 通过大模型的语言理解能力，理解用户的需求和问题，准确识别用户意图。
- 自主规划：为了解决问题或完成目标，通常需要比较复杂的过程。Agent 可以基于思维链技术自主地把一个问题拆解成多个简单的步骤，并生成规划。
- 自主决策：Agent 在执行每一个规划的步骤时，可以自主做出决策，判断应该采取的行动。比如判断是否应该调用某个动作。
- 自主执行：在最后确认需要执行的动作后，调用外部工具实现执行。

读到这里，你可能会有一种恍然大悟的感觉：查询理解与规划执行的过程，正是 Agent 的核心职能。因此在理想情况下，我们希望 Agent 能够同时完成上述这 4 个过程，从而全面实现目标。然而，在实际应用中，由于当前大模型的上下文窗口长度限制，以及为了降低实现的复杂度，处理更复杂的问题通常采用多 Agent 协作的方式，而不是让单个 Agent 的实现变得过于复杂。因此，在大多数场景下，我们通常仅让 Agent 专注于自主决策和自主执行。

为了快速模拟和调试 Agent 的自主决策与自主执行能力，我们可以使用 Dify 进行测试。在进入 Dify 主页后，网站会默认跳转至用于管理的应用的"工作室"页面。在创建应用的时候选择 Agent 类型，创建成功后按照以下顺序执行。

1. 设置提示词

我们先定义好系统提示词，把系统提示词输入到创建完的 Agent 应用中。不过会要求用户在系统提示词中输入步骤列表，如下所示。

```
## 角色
你是一个规划执行器，擅长对规划中的每一个步骤进行分析决策，并在决策后进行相应的调用与执行。
## 工作流
1. 认真阅读和理解给你提供的"步骤列表"。
2. 认真地分析"步骤列表"中的每一个步骤，禁止跳过。
3. 在分析完步骤后，自行决策如何执行。
4. 如果需要调用，则调用你提供的联网工具。
5. 按顺序依次执行完所有的"步骤列表"
```

在设置完系统提示词后，先不要着急把它输入给 Agent 应用，请往下继续阅读。

2. 定义外部工具

在 Dify 选择添加工具，并在右侧弹出的工具窗口中选择添加必应作为搜索工具，当然也可以选择其他的搜索工具，之后配置密钥即可。这样我们就为这个 Agent 应用创建并绑定了搜索工具。这时，可以单击右上角的"保存"按钮，进行设置保留。

3. 准备输入内容

假设用户输入的问题是"唱歌的技巧是什么"，当系统经过意图识别与规划后，生成了如下的规划内容。该内容只涉及两个步骤，这个内容会作为我们测试时的输入数据，如下所示。

["搜索唱歌的技巧，如何发声","输出唱歌的技巧"]

4. 开始输入测试

现在，我们把上面准备好的内容，输入给大模型，看一下它会如何输出。

步骤1：搜索唱歌的技巧，如何发声

分析：这一步要求我们在互联网上搜索有关唱歌技巧和发声方法的信息，以获取相关知识。

决策：使用搜索工具来查找有关唱歌技巧和发声的资料。

执行：调用搜索工具进行搜索。

步骤2：唱歌的技巧和发声的方法。

1. **发声基础**
   - **气息控制**：运用横膈膜的呼吸方法是基础。歌唱呼吸是声乐的重要部分，需要重点练习。
   - **喉咙打开**：唱歌时喉咙应该向外扩张，颈部肌肉放松。可以通过模仿打哈欠的感觉来练习。

2. **发声练习**
   - **发声练习**：通过基本的发声练习来提高。例如，元音 a 的练习。
   - **气息与声音的配合**：通过科学的哼唱方法，体会并调节歌唱共鸣。

3. **技巧提升**
   - **嘴形与面部表情**：唱歌时嘴形要呈微笑状，避免噘嘴或拉下巴。
   - **换声点问题**：需要找到适合自己的方法来解决。

4. **综合技巧**
   - **情感表达与舞台表现**：除了发声，还需要注意情感的表达和舞台表现。
   - **音准训练**：通过训练提高音准，增强歌唱表现力。

这些技巧可以帮助你在唱歌时更好地控制声音，提高唱歌的质量和表现力。

在上述输出的步骤 1 中，Agent 主要经历了分析、决策和执行这 3 个过程。其中，在"执行"这一环节中，Agent 会自动调用必应搜索工具，其搜索结果日志如图 3-1 所示。

在上述输出的步骤 2 中，Agent 主要将步骤 1 中检索到的搜索结果整理并封装为上下文，用于生成回答。因此，在步骤 2 的回答中可以看到诸如"横膈膜的呼吸方法""喉咙向外扩张""科学的哼唱方法"等从搜索结果中提取到的信息。

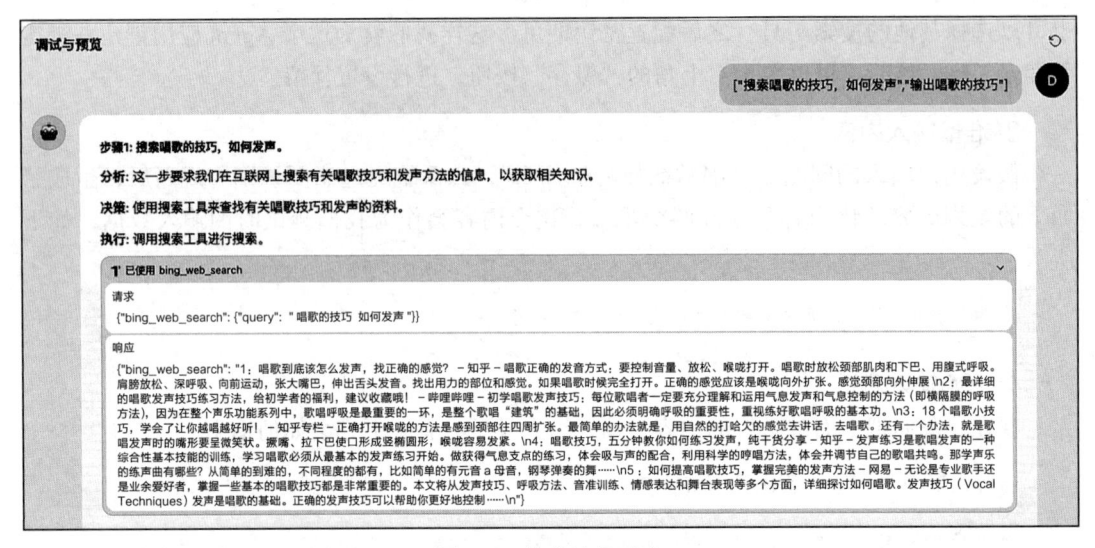

图 3-1　搜索结果日志

3.2.5　基于工作流的执行过程

工作流系统的核心在于其内部已经预先定义好了完整的执行流程，这是它与 Agent 系统最大的区别。这意味着，每个步骤的执行处理逻辑都是在系统设计阶段就被详细规划和固化的。

1. 设计规划的结构

首先，我们需要设计好规划的结构，即预先定义规划所需的数据格式。可以明确的是，规划是一个由多个步骤组成的列表。因此，我们将规划定义为一个步骤数组，其中每一个步骤都以对象的形式表示。

由于每个步骤对应不同的操作，为了区分步骤的类型，需要为每个步骤对象设置一个 type 字段（在代码实现中体现为"属性"）。同时，需要设置一个 desc 字段，用以描述该步骤的具体操作。此外，还需要定义一个 query 字段，在联网搜索步骤中表示查询词，而在大模型输出步骤中则表示用户输入的内容。这种结构化设计能够清晰地定义每个步骤的功能和参数，为后续的执行流程提供明确的指引。

最终，规划的数据结构定义如代码清单 3-2 所示。

代码清单 3-2　规划的数据结构定义

```
plan = [
    {
        "type": "web_search_action",
        "desc": "搜索唱歌的技巧，如何发声",
        "query": "唱歌的技巧，如何发声"
    },
```

```
    {
        "type": "llm_output_action",
        "desc": "输出唱歌的技巧",
        "query": "唱歌的技巧"
    }
]
```

为方便读取规划,在代码层为这个规划定义一个名为 Plan 的规划类,如代码清单 3-3 所示。

代码清单 3-3 规划类的定义

```
class Plan:
    """
    规划类:对规划结构的实现
    """
    _type: str
    _desc: str
    _query: str

    def get_type(self) -> str:
        """
        返回 _type 属性
        :return:
        """
        return self._type

    def get_desc(self) -> str:
        """
        返回 _desc 属性
        :return:
        """
        return self._desc

    def get_query(self) -> str:
        """
        返回 _query 属性
        :return:
        """
        return self._query
```

2. 设计调用的工具

在这里,我们需要定义一个用于联网搜索的工具。因为在前面已经定义了联网搜索工具,所以这里不再重复代码,可参见代码清单 3-1。

3. 设计执行的动作

动作是对"步骤"的进一步抽象,是步骤在代码层的具体实现形式,通常通过 Action

类来实现。简单来说，动作负责封装步骤执行的全部过程，将规划中的逻辑转化为可执行代码。在实现层面，我们需要定义 3 个 Action 类：一个是联网搜索动作类，一个是调用大模型完成输出动作类，最后一个是将这两个动作组合后的联网搜索并输出动作类。这 3 个动作类的实现如代码清单 3-4 所示。

代码清单 3-4　动作类的实现

```python
class SearchWebAction:
    """
    联网搜索动作类
    """
    _web_search_tool: WebSearch

    def __init__(self, engine: str, engine_config: dict):
        self._web_search_tool = WebSearch(engine=engine, engine_config=engine_config)

    def search(self, query: str, count: int) -> list:
        """
        开始搜索
        :param query: 用户输入的查询词
        :param count: 联网检索的数量
        :return:
        """
        return self._web_search_tool.search(query, count)


class LLMOutputAction:
    """
    调用大模型完成输出动作类
    """
    _model: Any

    def __init__(self):
        # 完成动作类的初始化
        ...

    def output(self, query: str, result_set: list) -> str:
        """
        开始搜索
        :param query: 用户输入的查询词
        :param result_set: 联网搜索结果集
        :return:
        """
        return self._model.invoke(query, result_set)


class SearchWebAndOutputAction:
    """
    联网搜索并输出动作类
    """
```

```
    _search_web_action: SearchWebAction
    _llm_output_action: LLMOutputAction

    def __init__(self, engine: str, engine_config: dict):
        self._search_web_action = SearchWebAction(engine=engine, engine_
            config=engine_config)
        self._llm_output_action = LLMOutputAction()

    def search_and_output(self, query: str, count: int) -> (list, str):
        """
        开始搜索
        :param query: 用户输入的查询词
        :param count: 联网检索的数量
        :return:
        """
        result_set = self._search_web_action.search(query=query, count=count)
            return result_set, self._llm_output_action.output(query=query, result_
                set=result_set)
```

4. 创建执行规划的工作流

在完成上述工作后，下面最重要的一步是创建执行规划的工作流。我们创建一个名为 WorkFlow 的工作流类，如代码清单 3-5 所示。

代码清单 3-5　创建 WorkFlow 工作流类

```
class WorkFlow:
    """
    工作流类
    """
    _search_web_action: SearchWebAction
    _llm_output_action: LLMOutputAction
    _search_web_and_output_action: SearchWebAndOutputAction

    def __init__(self):
        engine = "bing"
        engine_config = {}
        self._search_web_action = SearchWebAction(
            engine=engine, engine_config=engine_config
        )
        self._llm_output_action = LLMOutputAction()
        self._search_web_and_output_action = SearchWebAndOutputAction(
            engine=engine, engine_config=engine_config
        )

    def run(self, query: str, plan: list[Plan]):
        """
        开始执行
        :return:
        """
```

```
        answer = ""
        result_set_list = []
        for step in plan:
            if step.get_type() == "search_web_and_output_action":
                result_set, output = self._search_web_and_output_action.
                    search_and_output(
                    query=query, count=5
                )
                result_set_list += result_set
                answer += output
            elif step.get_type() == "llm_output_action":
                answer += self._llm_output_action.output(query=query, result_
                    set=result_set_list)
        return answer
```

接下来只需要在正常业务中执行工作流即可。

5. 执行工作流

最后，在主程序中通过模拟工作流的方式展示完整的执行流程，如代码清单 3-6 所示。

代码清单 3-6　完整的执行流程

```
cdef __main__():
    """
    虚拟入口
    :return:
    """

    # 用户输入的问题
    query = "唱歌的发声以及其他技巧是什么"

    # 1. 意图识别与规划
    # (1) 意图识别
    # (2) 思考推理
    # (3) 生成规划
    model = Model()
    plan = model.invoke()

    # 2. 假设得到了以下的规划数据
    plan = [
        {
            "type": "search_web_and_output_action",
            "desc": "搜索唱歌的技巧，如何发声",
            "query": "唱歌的技巧，如何发声"
        },
        {
            "type": "llm_output_action",
            "desc": "输出唱歌的技巧",
            "query": "唱歌的技巧"
        }
    ]
```

```
# 3. 创建工作流并调用
work_flow = WorkFlow()
answer = work_flow.run(query=query, plan=plan)

# 4. 输出答案
print(answer)
```

通过意图识别与规划，系统生成了对应的规划数据（即 plan），随后创建工作流并执行规划，最终得出答案，即 answer 的数据。

3.3 答案内容优化技术

在规划执行完成后，我们能够生成一个初步的答案。然而，在某些场景下，这个答案可能并非最优，甚至可能存在较大的优化空间。为了进一步提升答案的质量和用户体验，本节将重点介绍答案内容优化技术。

3.3.1 角色与答案模板机制

在许多常见的 AI 搜索产品中，通常会提供多种搜索回答模式，以满足用户的不同需求。例如，普通搜索与学术搜索、普通模式与高级模式、通用模式与专业模式等。

这些模式的主要区别在于回答方式的侧重点不同。一种模式以快速响应为目标，旨在提供简洁直接的答案，满足用户日常信息获取的需求；另一种则更加注重深入解析，提供更详细、更结构化的解答，以满足用户在专业领域中对高质量知识讲解的需求。这种差异化设计能够更好地适配不同场景，为用户带来更优质的体验。

为了实现多样化的搜索问答模式，AI 搜索系统需要构建一套基于角色驱动的答案模板机制，从而使系统能够灵活适配不同场景下的回答需求。这意味着，在回答问题时，大模型能够根据具体场景进行自适应调整，不同的角色会对应不同的回答风格、信息深度和推理逻辑。这种机制不仅提升了回答的精准性和专业性，也增强了系统的灵活性和适应性。

1. 角色设定

一般情况下，需要设计助手与专家这两种角色。

（1）助手角色

助手角色的特点包括：

- 注重高效：优先输出直接可用的答案，避免过多冗余信息。
- 语言简洁：用通俗易懂的语言表达，适合日常问答或基础知识普及。
- 以用户需求为导向：根据问题的核心信息进行精准回答，而不会过多展开推理。

（2）专家角色

专家角色的特点包括：

- **逻辑推理增强**：不仅提供答案，还会详细解释其原理、背景和推理过程。
- **内容更具专业性**：可能引用相关研究、公式、数据，确保回答的权威性和准确性。
- **回答更有层次感**：通常会分层次展开，从基本概念到深度讲解。

2. 答案模板

可以针对个人需求定制不同的答案模板。一般情况下，无论什么答案模板，都需要进行语言情感和回答风格这两种通用的设置。

（1）语言情感

在助手角色下，使用的语言情感需要保持正面、积极、乐观。而在专家角色下，则需要保持严谨、专业、客观。

（2）回答风格

在助手角色下，回答简洁直接，不用做过多扩展，确保核心信息清晰易懂即可。而在专家角色下，回答需要具备专业性和深度，引用权威资料，并做到逻辑清晰、结构完整，适合专业人士阅读。

3. 使用示例

以 3.2.3 节中调用搜索并输出动作的系统提示词为例，我们需要把角色设置为变量，并添加一条回答策略要求，其中包括情感变量和风格变量。所以，只需要通过控制角色与答案模板这两部分中的变量即可。

```
# 角色
{role}
## 注意
- 用户提问表示他关注的主要问题。
- 你每次只需要对要求输出的这部分进行解答，并输出标题。
- 你将获得一组与问题相关的上下文。
- 除了代码和特定名称和引用之外，你的答案必须使用与问题相同的语言编写。
## 上下文
1. "今朝有酒今朝醉" 出自唐代罗隐的《自遣》,诗句共 7 个字,诗句拼音为：jīn zhāo yǒu jiǔ jīn zhāo zuì, 诗句平仄：平平仄仄平平仄。
2. "今朝有酒今朝醉，明日愁来明日愁" 出自唐代罗隐的《自遣》,译文：今天有酒就痛快畅饮喝他个酩酊大醉,明日的忧虑就等明天再烦愁。
3. 罗隐（833—909 年）,字昭谏,杭州新城人,唐末五代时期诗人、文学家、思想家。他小时候就在乡里以才学出名,他的诗和文章都很出众,为当时士人所推崇,他和同族另外两个有才者被合称为"三罗"。
## 回答策略
### 情感
{emotion}
### 风格
{answer_style}
## 目标
根据上下文中的参考信息，按照用户的要求执行，并以 Markdown 格式输出。
```

我们以专家角色为例，其对应的答案模板中所配置的变量如下所示。

```
role = 你是一个专业领域内的专家
```

```
emotion = 保持严谨、专业、客观的表达方式
answer_style = 回答需要具备专业性和深度，引用权威资料，并做到逻辑清晰、结构完整，适合专业人士阅读。
```

输入的用户提示词如下所示。

```
## 用户提问
谁写的这首诗：今朝有酒今朝醉，明日愁来明日愁

## 开始输出这部分
作者信息
```

把上面的用户提示词输入到大模型后，大模型的输出内容如下所示。

```
输出：
## 作者信息
```

出处：这句诗出自唐代诗人罗隐的《自遣》。

作者：罗隐（833—909年），字昭谏，唐末五代时期著名诗人、文学家和思想家。他以才学闻名，诗文卓越，被世人推崇，与同族其他才子并称"三罗"。

从这个回答中可以明显看出，引入专家角色后，输出的内容更加详细且具有权威性，显著提升了专业性。这种角色的设定能够让大模型在回答时更加贴近领域知识，提供更深入的解答。当然，这只是一个简单的示例，在处理复杂问题时，这种区别会更加明显，专家角色的优势也会更加突出。

3.3.2 在答案中呈现引用编号

在 AI 搜索系统中，答案的可信度至关重要。为了提高回答的可验证性，一种常见的做法是在答案中呈现引用编号，并提供对应的网页来源。这不仅增强了答案的可追溯性，也使用户能够快速定位原始信息。

这种引用方式类似于学术论文中的文献引用，不仅提升了搜索结果的可信度，也让用户能够进一步阅读相关内容。例如，当生成的答案中涉及某个具体的新闻、论文、技术等内容时，可以在句子末尾加上 [1]、[2] 之类的引用编号，并在答案底部列出相应的网页来源。

```
输出：清朝建国于 1636 年，由女真族的建州女真首领努尔哈赤建立后金，脱离了明朝的统治 [1]
解释：引用 [1] 来源于清朝历史百科网页 https://baike.baidu.com/item/清朝历史/7167261
```

当然，前端可以将引用编号渲染成更美观的样式，只需前后端约定好引用标识符，并确保大模型能输出即可。然而，如何让大模型在生成答案时自动呈现引用编号，并按预定格式输出引用标识符呢？

其实，在对 Lepton Search 项目后端实现的分析中能够找到这一问题的答案。查看其后端源码可以看到，系统在调用大模型时会传入特定的系统提示词，从而引导模型在答案中呈现引用编号，如代码清单 3-7 所示。

代码清单 3-7　答案中呈现引用编号

```
# 定义系统提示词模板
_rag_query_text = """
You are a large language AI assistant built by Lepton AI. You are given a user
    question, and please write clean, concise and accurate answer to the
    question. You will be given a set of related contexts to the question,
    each starting with a reference number like [[citation:x]], where x is
    a number. Please use the context and cite the context at the end of each
    sentence if applicable.

Your answer must be correct, accurate and written by an expert using an unbiased
    and professional tone. Please limit to 1024 tokens. Do not give any
    information that is not related to the question, and do not repeat. Say
    "information is missing on" followed by the related topic, if the given
    context do not provide sufficient information.

Please cite the contexts with the reference numbers, in the format [citation:x].
    If a sentence comes from multiple contexts, please list all applicable
    citations, like [citation:3][citation:5]. Other than code and specific names
    and citations, your answer must be written in the same language as the question.

Here are the set of contexts:

{context}

Remember, don't blindly repeat the contexts verbatim. And here is the user question:
"""

# 构造系统提示词:
system_prompt = _rag_query_text.format(
    context="\n\n".join(
        [f"[[citation:{i+1}]] {c['snippet']}" for i, c in enumerate(contexts)]
    )
)
```

在这个系统提示词中，定义 {context} 变量作为模型回答问题时的上下文。在构造最终的系统提示词时，系统使用 [[citation]] 引用标识符把搜索结果拼接在一起，赋值到 context 变量中。在回答问题时，要求大模型请以 [[citation:x]] 格式引用上下文并附上参考编号。如果一个句子来自多个上下文，可列出所有适用的引用，例如 [citation:3][citation:5]。

至此，通过结合 RAG 技术与提示词约束，成功实现了在答案中自动添加引用编号的功能。这种方法不仅简单高效，而且具有广泛的适用性，成为当前最常用的实现方案之一。

3.3.3　呈现不同维度的答案

在传统的问答场景中，当我们提出一个问题时，通常只会收到一个简单的文本答案。然而，在如今大部分的 AI 搜索应用中，搜索结果早已超越了单一的文本形式，呈现出更加多样化的维度。例如，有的系统会展示相关的 PPT 文档，有的会以脑图的形式呈现答案结构，还有的会提供与问题相关的图片等。这种多维度的答案展示不仅丰富了信息的表达方式，也让用户能够从不同视角更全面地理解和利用搜索结果。

让我们思考一下背后的实现原理，难道是让大模型同时生成不同维度的答案吗？显然不是的，这对于大模型来说是一件非常困难的事情。其实大模型仍然只生成文本类型的答案，其他维度都只是文本答案的不同表现形式而已。

以思维导图这种形式的答案为例，其核心结构是一个树状图，无论是什么前端组件，在渲染思维导图的时候，都是使用的树状结构，前端支持渲染树状图结构的生态非常丰富，比如 ECharts 这种生态庞大的库，还有 jsMind、mind-map 等这种专门处理思维导图的库。但是无论是什么库，它都只需要一个特定格式的树形结构数据表示文件，在确定了这个文件的格式之后，我们让大模型把答案再按照格式进行转换即可。

如 ECharts 支持多种不同形式的树状图。我们只需要导入以下 JSON 格式的数据即可，如代码清单 3-8 所示。

代码清单 3-8　JSON 格式数据

```
{
    "name": "flare",
    "children": [
        {
            "name": "analytics",
            "children": [
                {
                    "name": "cluster",
                    "children": [
                        {
                            "name": "AgglomerativeCluster",
                            "value": 3938
                        },
                        {
                            "name": "CommunityStructure",
                            "value": 3812
                        },
                        {
                            "name": "HierarchicalCluster",
                            "value": 6714
                        },
                        {
                            "name": "MergeEdge",
                            "value": 743
                        }
                    ]
                }
            ]
        }
    ]
}
```

在生成答案后,我们需要向大模型明确说明以 JSON 格式定义的思维导图的规则,例如 name 和 children 分别表示的具体含义。随后,指导大模型对生成的答案进行拆解,并按照该格式进行转换。完成转换后,将结构化的数据返回给前端。前端可以基于这些数据渲染出思维脑图,从而实现内容的可视化呈现。

可能还是有点难以理解,来看一个完整的实际操作过程。假设现在有一个大模型生成的答案,为了让大模型把这个答案转换成上述的 JSON 结构,我们需要编写一个提示词,具体如下所示。

```
输入:
## 答案
提高学习效率:学习方法(主动学习、间隔学习、多感官学习)、时间管理(制定计划、番茄工作法、避免拖延)、环境优化(减少干扰、整理桌面、适当舒适)、心理状态(保持专注、积极心态、避免压力)、技术工具(学习软件、在线资源、测试反馈)。

## 思维导图的 JSON 格式
{
    "name": "flare",
    "children": [
        {
            "name": "analytics",
            "children": [
                {
                    "name": "cluster",
                    "children": [
                        {
                            "name": "AgglomerativeCluster",
                            "value": 3938
                        },
                        {
                            "name": "CommunityStructure",
                            "value": 3812
                        },
                        {
                            "name": "HierarchicalCluster",
                            "value": 6714
                        },
                        {
                            "name": "MergeEdge",
                            "value": 743
                        }
                    ]
                }
            ]
        }
    ]
}
```

```
## 要求
请把这个答案转换成上面的这种 JSON 思维导图结构。
```

现在把这个提示词直接输入大模型，大模型的输出内容如下所示。

```
输出：
{
    "name": "提高学习效率",
    "children": [
        {
            "name": "学习方法",
            "children": [
                {
                    "name": "主动学习",
                    "value": 1
                },
                {
                    "name": "间隔学习",
                    "value": 1
                },
                {
                    "name": "多感官学习",
                    "value": 1
                }
            ]
        },
        {
            "name": "时间管理",
            "children": [
                {
                    "name": "制定计划",
                    "value": 1
                },
                {
                    "name": "番茄工作法",
                    "value": 1
                },
                {
                    "name": "避免拖延",
                    "value": 1
                }
            ]
        },
        {
            "name": "环境优化",
            "children": [
                {
                    "name": "减少干扰",
                    "value": 1
                },
```

```json
                {
                    "name": "整理桌面",
                    "value": 1
                },
                {
                    "name": "适当舒适",
                    "value": 1
                }
            ]
        },
        {
            "name": "心理状态",
            "children": [
                {
                    "name": "保持专注",
                    "value": 1
                },
                {
                    "name": "积极心态",
                    "value": 1
                },
                {
                    "name": "避免压力",
                    "value": 1
                }
            ]
        },
        {
            "name": "技术工具",
            "children": [
                {
                    "name": "学习软件",
                    "value": 1
                },
                {
                    "name": "在线资源",
                    "value": 1
                },
                {
                    "name": "测试反馈",
                    "value": 1
                }
            ]
        }
    ]
}
```

不出意外，大模型成功地将答案转换为上述所描述的 JSON 结构。接下来打开 Echarts 的在线示例页面，选择树图并进入对应的设置界面，将这个 JSON 结构赋值给 data 数据。令人惊喜的是，文本答案被成功地转换为一个直观的思维导图，如图 3-2 所示。

```
                                    ┌─ 主动学习
                         学习方法 ──┼─ 间隔学习
                        ╱           └─ 多感官学习

                                    ┌─ 制定计划
                         时间管理 ──┼─ 番茄工作法
                        ╱           └─ 避免拖延

                                    ┌─ 减少干扰
            提高学习效率 ── 环境优化 ──┼─ 整理桌面
                        ╲           └─ 适当舒适

                                    ┌─ 保持专注
                         心理状态 ──┼─ 积极心态
                        ╲           └─ 避免压力

                                    ┌─ 学习软件
                         技术工具 ──┼─ 在线资源
                                    └─ 测试反馈
```

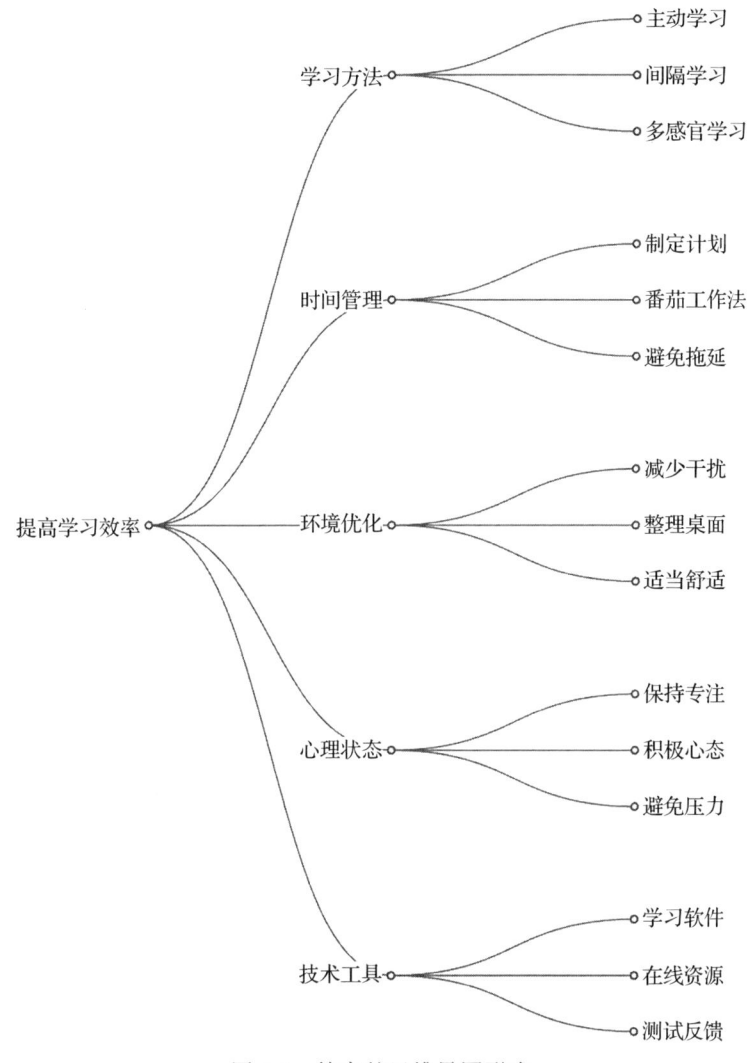

图 3-2 答案的思维导图形式

这种方式不仅让复杂的文本信息以可视化形式呈现，还能更直观地帮助用户梳理逻辑关系和内容结构。在这一过程中，我们采用了手动操作的方法，将答案转换为思维导图的形式。然而，在实际的 AI 搜索工程中，这一流程完全可以通过程序的方式自动化实现，为用户提供更加便捷的体验。

3.4 答案缓存优化技术

当用户的查询请求无法在缓存中找到匹配的答案时，系统会执行正常的问答流程，获取答案并将它存储到缓存中，以便未来相同或相似的查询可以直接从缓存中获取。这种缓存机制有效地避免了重复计算，提高了系统的性能和可扩展性。本节会深入答案缓存设计，探讨其中可能存在的问题。

3.4.1 缓存的核心考量

为了解决问题，我们通常会在方案设计中引入新的技术。然而，新的技术在解决原有问题的同时，往往也会带来新的挑战。缓存技术便是一个典型的例子。在 AI 搜索系统中，为了提升系统性能和响应速度，在引入答案缓存技术后，还需要综合考虑多个关键因素以规避潜在问题，以下是一些核心考量。

1. 缓存主要解决的问题

我们必须明确，无论是哪种系统的缓存，其核心目标都是为了加速查询响应、降低后端压力、应对高并发场景，我们应该围绕这三大问题展开并加以解决。

- 加速查询响应：避免重复执行复杂的意图分析、规划执行、答案生成等过程，可直接返回之前缓存的结果，从而提高系统吞吐量。
- 降低后端压力：可减少对数据库、索引系统或大模型等复杂型系统的调用，缓解高并发场景下的资源消耗。
- 应对高并发场景：在大规模用户访问时，可以有效减少后端计算负载，保障系统的稳定性。

然而，在 AI 搜索系统中，答案缓存的引入不仅仅是为了优化性能，还肩负着一项重要使命，即控制答案质量并稳定搜索结果。这一机制不仅能够显著提升回答的准确性，还能有效减少内容的波动性，从而确保答案的一致性与可靠性，为用户提供更加可信的体验。

此外，缓存还可用于紧急问题处理，通过手动写入正确答案，快速修正搜索结果。例如，当用户在查询时发现模型生成了明显的知识性错误，可能导致误导或不良影响，为了迅速应对并降低影响范围，运营团队可以临时将正确答案写入缓存，确保后续用户能够立即获得准确的信息，从而在短时间内有效缓解运营压力，直到模型得到修正或优化。

2. 缓存使用的存储引擎

在传统业务系统中，缓存通常采用像 Redis 这样的键值对存储引擎。Redis 以其操作简单、性能强大而广受欢迎，能够轻松支撑上万 QPS（每秒查询率）的高并发请求。然而，在 AI 搜索的答案缓存场景中，直接使用 Redis 并不完全适用。其核心问题在于，传统的键值对存储方式将问题作为键，难以有效匹配语义相似的查询，导致无法充分发挥缓存的优势。

当用户提出问题时，通常会存在多种不同的表述方式。即使这些问题的语义完全相同，查询文本却可能存在差异。例如，以下两个查询虽然表达的是相同的含义，但文本形式有所不同。

- 给我《早发白帝城》的全诗内容
- 《早发白帝城》全诗

这两种查询本质上都希望获取相同的答案，但在传统的键值对存储方案中，由于 Key 必须精确匹配，因此两者会被视为完全不同的查询，从而导致无法命中缓存。特别是当查询文本较长时，完全一致的概率更低，进一步降低了缓存的命中率。

为了解决这一问题，需要引入向量数据库这种解决方案。向量数据库能够通过向量计算衡量文本之间的相似度，从而检索出最相关的内容。例如，我们可以先将"白帝城全诗内容"转换为向量表示，并将向量表示存入向量数据库，同时存储完整的诗歌内容等相关信息。这样，无论用户如何输入，系统都能够基于语义相似度匹配到正确的答案，这种方式极大地提升了答案缓存的命中率。

3. 什么时候触发缓存写入

在大多数缓存系统中，缓存的写入通常在生成结果时自动触发。然而，由于大模型的非确定性，每次生成的答案可能不同，因此无法确定哪次生成的答案会更优。所以，这种触发机制在 AI 搜索中并不完全适用。

在 AI 搜索中，为了解决这一问题，最简单的方案就是提前把优质答案预置到缓存中。此外，可以采用用户反馈和后台审核结合的系统级方案。

- **用户反馈机制**：引入点赞或类似的用户反馈机制来作为触发缓存写入的条件。具体而言，当用户对某个答案进行点赞或表示满意时，系统可以自动将该答案写入缓存，从而确保只有被用户认可的高质量答案才会被存储。
- **后台审核机制**：在后台审核流程中允许人工干预，管理员可以对模型生成的答案进行质量评估，手动触发缓存写入，以确保存入缓存的答案符合预定标准，避免低质量或错误的答案被缓存并提供给用户。

这种结合自动反馈和人工审核的机制，不仅能够确保缓存内容的质量稳定，还能降低由于模型不稳定带来的负面影响。

3.4.2 引入缓存后的问题

尽管答案缓存能够显著提高性能，但也引入了一系列潜在的问题。

1. 缓存的时效性问题

用户的查询和需求是动态变化的，而缓存内容通常基于历史查询结果。这意味着，缓存中的答案可能随着时间的推移变得过时，或不再适应新的查询需求。如果处理不当，缓存中的答案可能会影响回答的准确性和可靠性。

如何判别缓存失效以及何时刷新缓存？切实有效的方案主要有两个：第一个方案是缓存有效期机制；第二个方案是反馈机制。

1）**缓存有效期机制**：在向量存储中，每一个答案缓存在写入的时候都刷新它的更新时间字段。当业务上层检索到数据后，判断时间是否在允许的有效期内，如果超过了有效期，则视为缓存失效，同时删除缓存。

2）**反馈机制**：3.4.1 节的反馈机制主要指的是点赞机制，而本节的反馈机制则指代点踩机制，即当某条答案的点踩次数超过设定阈值后，系统会自动定位该答案对应的缓存并删除，以确保优化后的内容能够及时更新。

考虑到反馈机制过于依赖用户的主动参与，如果用户未主动点击，缓存可能无法及时删除，影响内容更新。因此，综合权衡后，设置缓存有效期机制实际上是最简单且最有效的解决方案，能够确保缓存自动更新，避免依赖用户操作。

2. 相似度分数的问题

在向量数据库进行相似度搜索时，如何设定合理的相似度计算分数成为关键。如果分数阈值设定过高，可能导致本质相同的问题被误过滤，而本质不同的问题却未能有效筛除。

在以下代码示例中，我们结合本地部署的 Milvus 向量数据库与 nomic-embed-text 嵌入模型进行操作。这里暂不对这两种工具进行详细介绍，相关内容将在第 4 章展开说明。首先，我们向数据库插入了两条仅有一字之差的文本数据："他生病了，所以那天早上没有来"和"他生气了，所以那天早上没有来"。接着，我们使用查询文本"他生气了，所以那天早上没有来"进行搜索，以测试相似度分数，如代码清单 3-9 所示。

代码清单 3-9　测试相似度分数

```python
from wpylib.pkg.singleton.milvus.milvus import Milvus

# 创建客户端链接
client = Milvus(
    milvus_config={
        "uri": "http://127.0.0.1:19530",
        "host": "127.0.0.1",
        "port": "19530",
        "db_name": "milvus_aisearch",
        "collection": {
            "aisearch_answer": "aisearch_answer",
            "test": "test"
        }
    },
    model_config={
        "api_base": "http://localhost:11434",
        "api_key": "ollama",
        "embedding_dims": 768,
        "model": "nomic-embed-text",
        "model_type": "embedding_type_nomic",
        "retry": 3,
    }
)

# collection 名称
collection_name = "test"

# 插入数据
```

```
question1 = "他生病了,所以那天早上没有来"
question2 = "他生气了,所以那天早上没有来"
embedding1 = client.embed(question1)
embedding2 = client.embed(question2)
data = [
    {
        "vector": embedding1,
        "name": question1,
    },
    {
        "vector": embedding2,
        "name": question2,
    },
]
res = client.insert(
    collection_name=collection_name,
    data=data
)
print(res)

# 查询 question2
res = client.search(
    collection_name=collection_name,
    query=question2,
    output_fields=["id", "name"]
)
print(res)
```

当执行上述代码后,它会依次打印插入结果与搜索结果,展示了数据插入是否成功以及查询文本与存储文本之间的相似度分数,其输出如下所示。

```
{'insert_count': 2, 'ids': [457560949563833362, 457560949563833363]}

[{'id': 457560949563833360, 'distance': 1.0, 'entity': {'id': 457560949563833360,
    'name': '他生气了,所以那天早上没有来'}}, {'id': 457560949563833359, 'distance':
    1.0, 'entity': {'id': 457560949563833359, 'name': '他生病了,所以那天早上没有来'}}]
```

在上述的输出中可以发现,我们成功插入了 2 条带有 ID 的数据,但是在搜索的时候,本来不应该被匹配到的"他生病了,所以那天早上没有来"这条数据却表现出了极高的相似度(distance)分数 1.0。即使经过多次测试,该条数据的匹配分数均值依然高达 0.93 以上,展现出了极高的相似性。

不要以为这种情况罕见,事实上,在汉语中,仅一字之差便可导致截然不同的含义,这种现象比比皆是。这也意味着,若相似度分数的设定不够严谨,稍有偏差,就可能影响搜索结果的精准性,所以这个问题一定要重点关注。

3. 缓存的多样性问题

大模型的输出通常具有一定的随机性,每次生成的答案可能会有所不同。而缓存的作用是存储已生成的答案,以便下次遇到相同查询时直接返回。但这种机制导致了一个问题,即如果每次查询都从缓存中获取相同的答案,用户可能会感到信息的单一性。

因此,在使用缓存时,我们需要思考如何在保证答案精准性的同时,确保答案的多样性,充分发挥大模型随机生成的优势,避免每次都返回相同的结果。接下来将重点探讨此问题的解决方案。

3.4.3 答案多样性的简单处理

大模型在生成答案时,具有明显的概率性输出特点。每次生成的答案都基于当前输入的上下文以及模型内部的参数随机性,这意味着即便是相同的问题,模型每次的回答也可能略有不同。这种"多样性"是大模型的一项显著优势,因为它能生成更加灵活、富有创意的答案,并且能根据不同的用户需求或上下文场景提供多种可选答案。然而,这一特性在实际应用中也可能会带来一些挑战,尤其是在答案缓存机制的使用上。

由于大模型的概率性输出,每次生成的内容都会有所不同,使用缓存时就会面临一个矛盾:缓存可能会保存一个固定的答案,而无法展现大模型的灵活性和创新性。因此,答案的多样性处理显得尤为重要。

为了实现答案的丰富性,我们可以设计一个答案丰富器,在不改变答案原意的前提下,对答案进行多样性处理。其完整系统提示词的定义如下所示。

```
# 角色
你是一个答案丰富器,擅长基于答案生成更加多样性的答案。

## 要求
1. 在不改变原意的前提下,调整语序、替换同义词、优化句式。
2. 表达自然、流畅,并丰富句式结构和用词多样性。
3. 保持专业性,确保信息的清晰传达。

## 任务
请按照要求,给出经过多样性加工后的答案。
```

假设系统中生成了一个关于"如何提高学习效率"的答案,并存储到了缓存中,如下所示。

> 输入:提高学习效率的关键在于专注、高效的知识输入与输出。具体而言,应制定清晰的学习目标,利用费曼技巧深入理解知识点,结合间隔重复法巩固记忆,通过实践与应用强化理解,避免低效的被动学习,同时保持良好的作息和专注力管理,以确保最佳的学习状态。

当系统从缓存中读取答案后,把这个答案传递给了大模型,我们看一下大模型会如何加工处理,其输出内容如下所示。

> 输出:提升学习效率的核心要素在于专注力、高效的知识输入与输出。首先,明确具体的学习目标至关重要。其次,运用费曼技巧深入剖析知识点,通过间隔重复的方式巩固记忆,将所学知识付诸实践与应用,从而加深理解。此外,应避免陷入低效的被动学习模式,并注重保持规律的作息和有效的专注力管理,以维持最佳的学习状态。

在上述示例中，大模型精准抓住了答案的核心要点，在不改变原意的前提下，对用词、句式进行了优化调整，使表达更加自然流畅，同时增强了语言的丰富性与多样性，从而满足了对答案多样性修改的需求。

所以，只要通过类似这样的答案多样性处理，就能简单高效地提供内容丰富、灵活多样的答案，有效提升了用户体验。

3.4.4 答案多样性的高级处理

当在业务中检索到了本不应该被查到的答案缓存并且未被过滤掉时，就会出现问题与答案不匹配的问题。在这种场景下，如果采用 3.4.3 节的方案，盲目地对答案多样性进行简单处理其实有非常大的漏洞。明明问题本质是一样的，却给了一个截然相反的答案。

为了解决这个问题，我们需要重新思考，答案缓存除了可以直接作为答案使用外，是否还有其他作用？没错，还可以作为答案参考。

现在，我们仍然使用上一节中的示例，把缓存中的"如何提高学习效率"的答案写到系统提示词的上下文中，如下所示。

```
# 角色
你是一个智能回答助手
## 上下文
"""
提高学习效率的关键在于专注、高效的知识输入与输出。具体而言，应制定清晰的学习目标，利用费曼技巧深入理解知识点，结合间隔重复法巩固记忆，通过实践与应用强化理解，避免低效的被动学习，同时保持良好的作息和专注力管理，以确保最佳的学习状态。
"""
## 要求
- 禁止对用户的问题不作答，即使 <Context> 中无可参考的信息，也必须根据你自己的理解回答。
- 你的回答必须正确，并使用无偏见且专业的专家语气撰写。
- 禁止在回答中说你参考了 <Context> 中的信息。
- 请不要在回答中提供与问题无关的信息，也不要重复。
- 请从始至终使用中文回答。
## 工作流
1. 先认真分析用户输入的问题。
2. 判断 <Context> 内容是否可以作为回答问题时的参考。
3. 如果 <Context> 内容与问题毫无关系，则自行回答即可。
4. 如果 <Context> 中的部分内容与问题有关，则参考 <Context> 中的相关内容回答用户的问题。
## 目标
结合 <Context> 内容，回答用户的问题
```

为了模拟检索到错误答案，从而实现问题与答案不匹配的效果，我们将尝试输入"如何提高工作效率"这一新问题。尽管该问题与"如何提高学习效率"是两个截然不同的问题，但由于仅有两个字的差异，导致二者在语义上具有较高的相似度。因此，在检索的过程中，系统可能会误将"如何提高学习效率"问题检索出来，并将其答案封装到上述系统提示词的上下文中。

接下来，我们就把这个新问题输入给大模型，如下所示。

> 输入：如何提高工作效率

当输入完成后，当前大模型的系统提示词中包含的是关于"如何提高学习效率"的答案，而我们输入的问题是"如何提高工作效率"。在这样的场景下，尽管问题与答案存在不匹配的情况，但由于答案只是作为问题的参考信息使用，大模型会根据上下文重新理解用户输入的问题，从而生成相对合理的回答，而不会直接输出错误答案，如下所示。

> 输出：提高工作效率的关键在于优化流程、高效执行与持续改进。明确具体的工作目标，采用时间管理技巧（如番茄工作法）提升专注力，结合任务分解与优先级排序确保高效的知识输入与输出，通过实践与应用所学技能以强化执行力，避免无效的拖延与分心，同时保持良好的工作习惯和身心健康管理，以确保最佳的工作状态。通过这些综合措施，能够显著提升工作效率，实现工作目标的高效达成。

从输出结果来看，大模型并未完全照搬缓存中的答案，而是将它作为参考，灵活运用并举一反三地回答了这个新问题。这种处理方式巧妙地规避了具有高相似度分数的问题在缓存机制下可能引发的内容误用隐患，确保了回答的精准性与适应性。

第4章

掌握应用的开发技术栈

在当前的实际应用开发中，Python 凭借其强大的生态系统和对大模型技术的广泛支持，已成为大模型应用开发的首选语言。

本章将以循序渐进的方式剖析 AI 搜索应用开发中的 Python 技术栈，深入讲解关键组件，包括 OpenAI API、DeepSeek 模型、Milvus 向量数据库、Milvus 本地知识库的实践，以及 LangChain 的基础与高级用法。通过这些内容，帮助读者全面掌握相关技术及其实践方法。

4.1 认识 OpenAI API

作为最早开放大模型 API 的服务商，使得 OpenAI API 成为行业参考标准。虽然各个大模型厂商相继开放了自己的 API，但包括 DeepSeek 在内的大模型，它们无一不遵从 OpenAI 接口规范，有效降低了第三方开发者的切换模型成本。

本章将重点介绍 OpenAI API，内容包括其关键概念、核心功能及接口分类。随后，我们将详细讲解其最常用的功能，包括会话补全能力、嵌入模型能力以及微调模型能力，帮助读者全面理解和掌握这些核心技术。

4.1.1 API 介绍

OpenAI 主要开放了其 API 与云平台两大核心服务。其中，API 包含了大部分的多模态模型功能，同时支持云平台的部分功能。

1. API 分类

可以按照不同模型的能力对 OpenAI 目前开放的 API 进行分类。如果不考虑图片生成、音频生成等多模态模型，仅关注文本类模型，API 可以按功能划分为以下几类。
- 文本生成功能：主要提供单轮请求的文本生成接口 v1/completions，以及多轮请求的文本生成接口 /v1/chat/completions。
- 嵌入模型功能：主要提供文本嵌入的 Embedding 接口 /v1/embeddings。例如在需要将文本转换为向量时，调用 /v1/embeddings 接口实现。
- 微调模型功能：提供了一系列接口，涵盖微调模型整个生命周期的关键环节，包括上传训练数据集、创建微调模型以及使用微调后的模型等。

可以在 OpenAI 的官方文档中查阅这些接口的具体参数定义，以及 OpenAI 提供的音频、图像等相关接口的详细说明。本节不会逐一展开介绍，而是会在实际使用过程中对主要参数进行讲解。

2. API 使用

在使用 OpenAI API 之前，用户需要先在官网注册账号并申请 API 密钥。获取密钥后，可以按照官网文档操作，通过命令行使用 CURL 命令直接调用 API，或者在代码中通过发起 HTTP 请求的方式进行调用。然而，这些方法对开发者来说并不够友好，因此 OpenAI 专门推出了支持 JavaScript 和 Python 这两种语言的 openai 包，以简化使用流程。接下来介绍 openai 包的具体使用流程。

1）先通过 pip 包管理工具执行 pip install openai 命令，完成 openai 库的安装。安装完成后，把申请的 API 密钥配置到环境变量 OPENAI_API_KEY 中，也可以将 API 密钥直接作为参数传递到代码中。

2）打开一个空的 Python 文件，引入 OpenAI 类并创建其客户端对象，然后调用该对象的 chat.completions 属性，然后使用点运算符调用其 create 方法，最后传入对应的 model 和 messages 参数即可，这样使用 OpenAI API 的一个简单示例就完成了，如代码清单 4-1 所示。

代码清单 4-1　使用 OpenAI API 的简单示例

```
from openai import OpenAI

client = OpenAI(api_key="<OpenAI API Key>")
completion = client.chat.completions.create(
    model="gpt-4o-mini",
    messages=[
        {"role": "system", "content": "你是一个 AI 助手"},
        {
            "role": "user",
            "content": "Hello World!"
        }
    ]
)
print(completion.choices[0].message)
```

在上面的代码中，大模型的响应输出内容如下所示。

```
Hello, how can I assist you today?
```

4.1.2 会话补全能力

文本生成能力接口指的是大模型在接收到给定输入后生成对应输出的能力。这种能力通常又被称为补全（completion）能力，主要包括两种方式：文本补全（text completion）和会话补全（chat completion）。

这两种补全方式在本质上并无区别，都是根据用户提供的内容生成相应的文本。它们的不同之处在于输入形式：文本补全通常以单段文本作为输入，而会话补全则以一系列对话作为输入。由于会话补全方式涵盖了文本补全的能力，因此在实际应用中，我们通常优先使用会话补全。接下来将重点介绍会话补全的具体功能和使用方法。

实际上，在代码清单 4-1 中，我们已经演示了会话补全接口的调用。在调用过程中，除了 model 参数外，还有一个关键的 messages 参数。该参数用于记录与大模型交互过程中完整的消息列表，每条消息由两个字段（role 和 content）组成。其中，role 字段用于标识交互过程中不同的消息来源，主要支持如下 3 种角色类型。

- user：用户角色，表示用户输入助手的请求内容，是用户与助手交互的核心信息来源。
- system：系统角色，用于设置助手（即大模型）的行为和规则，限定助手在对话中的语气、风格或任务范围。
- assistant：助手角色，表示助手的输出内容。该角色的消息可以由模型生成，也可以手动编写，以提供期望的响应示例，从而引导模型生成更符合需求的答案。

在使用 ChatGPT 等大模型进行聊天时，我们通常以 Markdown 格式输入提示词。然而，在实际的代码开发中，这些提示词需要被转化为 messages 参数中的消息列表，并通过 API 进行传递。下面以一个简单的情绪分析器为例，详解这一过程。

```
## 角色
情绪分析器
## 目标
根据用户输入的内容，分析情绪状态
## 用户输入
今天天气特别好，好想听一首音乐，享受一下这个美好的时刻
```

首先，将提示词的内容拆分为 System 和 User 两部分。其中，User 部分作为用户角色的输入内容，而 System 部分则作为系统角色的设置文本。接着，利用 Python 的多行字符串拼接语法，将 System 部分的文本组织起来，作为系统角色的输入。通过这种方式，就可以将提示词转化为符合要求的消息格式，并完成在会话补全接口中传递消息的操作，具体实现如代码清单 4-2 所示。

代码清单 4-2　在会话补全接口中传递消息

```python
from openai import OpenAI

client = OpenAI(api_key="<OpenAI API Key>", base_url="<OpenAI Base URL>")
completion = client.chat.completions.create(
    model="gpt-4o-mini",
    messages=[
        {
            "role": "system",
            "content": """
               ## 角色
               情绪分析器
               ## 目标
                 根据用户输入的内容，分析情绪状态
            """,
        },
        {
            "role": "user",
            "content": " 今天天气特别好，好想听一首音乐，享受一下这个美好的时刻 "
        }
    ]
)
print(completion.choices[0].message)
```

通过这种方式，就可以将提示词与 OpenAI API 结合起来使用。无论提示词在未来如何设计或调整，messages 参数列表始终保持这样的结构，确保调用的兼容性和灵活性。

在调用会话补全接口时，除了 model 和 messages 参数外，实际开发中还会使用许多其他参数。根据各大开源项目和深度实践的经验，以下是按使用频率排序的主要参数。

- temperature：用于控制生成内容的随机性，取值范围为 [0,2]，默认为 1。较低的值会使输出更有确定性，较高的值则会增加输出的多样性。
- max_completion_tokens：限制模型生成内容的最大 Token 数，生成文本的长度不会超过这个值。这个参数不包括输入的 Token 数量。
- stream：是否使用流式输出，默认为 false。
- tools：模型可以调用的工具列表。目前，只支持将函数作为工具。tools 可以为模型提供一个包含功能介绍和参数定义的函数列表，模型将根据参数定义生成相应的调用参数，并且 tools 最多可支持 128 个函数。
- tool_choice：用于控制模型调用哪个工具，none 表示模型不会调用工具，auto 表示模型可自行选择调用，而传入的 tool 对象则表示要强制调用某个工具。
- n：该参数用于指定大模型生成的输出数量，即返回结果中 choices 数组的长度。此参数默认值为 1，表示模型仅生成一个输出，必须通过 choices[0] 获取输出。如果将 n 设置为大于 1 时，例如 n=3，则可以从 choices 数组中的 3 个输出中任意选择一个，或者仍然默认使用 choices[0]。

- top_p：采样值，通过核心采样控制多样性，值越高，输出的随机性越大。请在 temperature 和 top_p 参数之间选其一，不要两个都设置。
- response_format：模型指定的输出格式。实际使用中容易出错，所以一般不推荐使用这个设置，而是在 Prompt 中定义返回结构，然后由程序自行解析。
- functions/function_call：该参数已被对应的 tools/tool_choice 所代替。
- stop：定义生成内容的结束条件，可以指定一个或多个字符串，模型遇到这些字符串时会停止生成。

在上述参数中，temperature 和 max_completion_tokens 是调用会话补全接口时最常用的参数，几乎适用于任何场景。而 stream 和 tools 则属于较为高级的选项，其中 stream 参数通过流式输出逐步返回生成结果，显著提升用户体验；tools 参数则允许模型调用外部工具，从而实现 Agent 的基本功能。

4.1.3 嵌入模型能力

嵌入模型能力是指大模型将文本转换为向量的能力。这一过程通常被称为向量化。在实际场景中，借助此技术，我们可以完成文本相似性判断、语义检索、分类等任务。

OpenAI 将这一类功能统一称为嵌入模型接口。得益于 OpenAI 对嵌入模型的高度抽象封装，向量化的使用变得非常简单。注意，要选择适合的嵌入模型，而不能选择有会话补全能力的模型，如代码清单 4-3 所示。

代码清单 4-3　调用接口，使用嵌入模型

```
from openai import OpenAI

client = OpenAI()

def get_embedding(text, model="text-embedding-3-small"):
    """
    获取 embedding 值
    :param text:
    :param model:
    :return:
    """
    text = text.replace("\n", " ")
    return client.embeddings.create(input=[text], model=model).data[0].embedding

print(get_embedding("Hello, World!"))
```

执行上述代码，会发现打印结果中有一堆小数值，它们就是经过模型计算后的向量。在对文本进行向量化处理后，还可以使用 OpenAI 提供的相似性判断接口、检索接口、分类接口等一系列向量计算的接口，解决我们所遇到的文本相关问题。

所以本质上，文本的相似判断与检索都是向量间距离的计算。越好的嵌入模型，计算出来的向量值及向量距离也会越准确。

> **注意** 在真正的应用实践中，嵌入模型能力不是孤立存在的，通常需要与向量存储、文本切割分块结合使用，这也是最常用的向量化存储与语义化检索的场景。本节对这部分内容不做过多介绍。

4.1.4 微调模型能力

OpenAI 的文本生成模型经过大量文本的预训练，因此在大多数情况下，使用零样本提示即可完成新任务。然而，当零样本提示无法满足需求时，可以尝试少样本提示，即通过提供少量示例帮助大模型理解要求并完成任务。然而，如果少样本提示仍无法解决问题，就需要考虑使用微调模型。

提示词中的示例数量是有限的，而微调模型通过在更多示例上进行训练，可以进一步提升模型的少样本学习能力。经过微调后，模型无需在提示词中提供大量示例即可完成任务，从而降低成本并减少延迟，从而实现更高效的任务处理。

OpenAI 提供了支持模型微调的接口，涵盖了微调过程中的各个阶段。这些接口为用户提供了灵活的工具，用于优化模型性能，以满足特定需求。

- 上传训练文件接口：/v1/files。
- 创建微调任务接口：/v1/fine_tuning/jobs。
- 删除微调模型接口：/v1/models/{model}。
- 查看所有微调任务接口：/v1/fine_tuning/jobs。
- 取消微调任务接口：/v1/fine_tuning/jobs/{fine_tuning_job_id}/cancel。
- 获取微调任务信息接口：/v1/fine_tuning/jobs/{fine_tuning_job_id}。
- 查看微调任务事件接口：/v1/fine_tuning/jobs/{fine_tuning_job_id}/events。

在了解了上述提到的主要接口后，我们接下来将详细讲解微调模型的主要阶段。微调是一个通过额外训练来优化模型性能的关键步骤，它可以让预训练模型更好地适应特定任务或领域需求。

1. 准备数据集

数据集分为训练集和测试集。在微调模型这一过程中，我们只需要训练集。OpenAI 要求训练集数据必须是 JSONL 格式的文件，文件中的每一行都是单个训练示例的 JSON 对象，如下所示。

```
{"messages": [{"role": "system", "content": "你是一个AI助手"}, {"role": "user", "content": "唐代三绝是什么"}, {"role": "assistant", "content": "指的是"李白诗歌""裴旻剑舞"和"张旭草书"，这是唐文宗向全国诏书御封的"}]}
{"messages": [{"role": "system", "content": "你是一个AI助手"}, {"role": "user", "content": "唐宋八大家都有谁"}, {"role": "assistant", "content": "唐代韩愈、柳宗元和宋代欧阳修、苏洵、苏轼、苏辙、王安石、曾巩八位"}]}
```

如果不便于创建训练集数据，可以使用开源社区提供的训练集数据。准备加载训练集数据，如代码清单 4-4 所示。

代码清单 4-4　加载训练集数据

```
import pandas as pd
from datasets import load_dataset

ds = load_dataset("lamini/lamini_docs")    # 加载名为 lamini/lamini_docs 的数据集
train_dataset = ds['train']                # 只使用训练集
train_df = pd.DataFrame(train_dataset)
questions_answers = train_df[['question', 'answer']]
for index, example in questions_answers.iterrows():
    print(f"question: {example['question']}\n answer: {example['answer']}\n\n")
```

当有了训练集数据后，我们就需要把这些训练集数据写入 JSONL 文件，如代码清单 4-5 所示。

代码清单 4-5　训练集数据写入 JSONL 文件

```
import json

with open('finetune_train_data.jsonl', 'w') as jsonl_file:
    for index, example in questions_answers.iterrows():
        formatted_data = {
            "messages": [
                {"role": "system", "content": "You're a helpful assistant"},
                {"role": "user", "content": example['question']},
                {"role": "assistant", "content": example['answer']}
            ]
        }
        jsonl_file.write(json.dumps(formatted_data) + '\\n')
```

执行完上述代码可以在本地生成一个名为 finetune_train_data.jsonl 的数据集文件，然后再把这个文件上传到 OpenAI，如代码清单 4-6 所示。

代码清单 4-6　上传数据集文件

```
from openai import OpenAI

client = OpenAI()
response = client.files.create(
    file=open("mydata.jsonl", "rb"),
    purpose="fine-tune"
)
print(response)    # 其 id 字段表示上传成功后，OpenAI 返回的文件 ID，如 "file-abc123"
```

至此，准备数据集阶段结束。

2. 创建微调任务接口

在数据集准备完成之后，开始创建微调任务接口，如代码清单 4-7 所示。

代码清单 4-7　创建微调任务接口

```
from openai import OpenAI
```

```python
client = OpenAI()
response = client.fine_tuning.jobs.create(
    training_file=response.id,  # 使用上一步文件上传成功后返回的文件 ID，如 "file-abc123"
    model="gpt-4o-mini"
)
print(response)  # 其 id 字段表示创建微调任务成功后，OpenAI 返回的任务 ID，如"ftjob-abc123"
```

任务接口创建成功后，可能需要一些时间才能训练完成。在这段时间内可以调用相关接口查看微调进度，如代码清单 4-8 所示。

代码清单 4-8　查看微调进度

```python
# 获取任务信息
info = client.fine_tuning.jobs.retrieve("ftjob-abc123")
print(info)  # 其 fine_tuned_model 字段表示微调模型名称
# 获取任务的最近 10 条事件
events = client.fine_tuning.jobs.list_events(fine_tuning_job_id="ftjob-abc123", limit=10)
print(events)  # 关注事件消息
```

如果任务接口创建成功，上面代码打印的 events 中会出现类似"new fine-tuned model created"的消息。只有当 events 中出现"Fine tuning job successfully completed"之类消息时才表示任务训练完成。

3. 使用微调模型

到了这一步，任务训练终于完成，微调工作也正式完毕。接下来可以将经过微调的新模型作为参数传递至会话补全接口，以便使用该模型处理具体的任务，如代码清单 4-9 所示。

代码清单 4-9　使用微调模型

```python
from openai import OpenAI

client = OpenAI()
completion = client.chat.completions.create(
    model="ft:gpt-4o-mini:my-org:custom_suffix:id", # 使用微调模型名称 fine_tuned_model
    messages=[
        {"role": "system", "content": "你是一个 AI 助手"},
        {"role": "user", "content": "李白是唐宋八大家之一吗"}
    ]
)
print(completion.choices[0].message)
```

4.2　掌握 DeepSeek 模型

在大模型应用开发中，熟练掌握一门大模型开发语言是至关重要的。作为后起之秀，DeepSeek 不仅是国内领先的大模型之一，更是具有世界级影响力的大模型代表。在国内开发环境中，选择本土化的国产大模型不仅能够有效规避网络不稳定、支付障碍、政策合规等诸多问题，还能更好地适配本土需求。因此，本书将选用 DeepSeek 作为核心的大模型开发语言，介绍 DeepSeek 的基础使用方法，为后续开发打好坚实的基础。

4.2.1 核心技术

DeepSeek 和 GPT 均采用了 Transformer 架构作为基础框架，但在具体的实现细节和优化策略上存在显著差异，正是这些差异导致了二者在训练效率和性能上的不同。下面会进行详细对比分析。

1. 稀疏结构

深度学习的核心是神经网络结构。神经网络由大量神经元和相互连接的网络组成，通过模拟大脑中的神经元连接方式，实现对复杂任务的学习和推理。

在早期的神经网络设计中，每一层的所有神经元都会根据输入数据进行计算和激活。传统的全连接神经网络就是这种设计，每个神经元都与上一层的所有神经元相连接，且每个神经元的激活都会参与到下一层的计算中。

但是，随着技术的进步，开始出现了稀疏神经网络结构。它的核心特点是稀疏激活，即每次只会激活部分神经元，以提高计算效率和降低开销。其中，混合专家（Mixture of Experts，MoE）模型是稀疏神经网络结构中最具代表性的模型之一。

混合专家模型的核心思想是引入多个专家模型（即多个子网络），每个专家模型负责处理特定的任务或输入数据的特定部分。当输入时，每个输入数据通过一个门控机制来决定哪些专家模型将被激活。这个机制会根据输入数据的特性选择一个或几个最合适的专家模型进行计算，而不是激活所有专家模型。门控机制不仅可以选择激活哪些专家模型，还可以动态地调整不同专家模型的权重，使得模型在不同任务下更加灵活和高效。

DeepSeek 正是选择了混合专家模型这种稀疏网络结构，才可以在低算力条件下拥有高质量的表现。但是，这并不意味着选择混合专家模型是一件简单的事情，其背后各种复杂性和不便解决的问题，是很多大模型望而却步的。GPT 模型就是其中之一。

对于不缺资金投入的 OpenAI 来说，OpenAI 并不是不想选择混合专家模型，而是觉得相比在模型架构层使用混合专家模型后花大精力进行优化，或许还不如继续选择密集网络结构，因为通过堆算力和加大参数量就可以大大提升大模型的能力。

而对于没有大量资金投入的 DeepSeek 来说，只能使用混合专家模型进行深度优化。比如，DeepSeek 首创了无辅助损失的负载均衡策略，它不依赖额外的辅助损失函数来实现负载均衡，而是通过直接调整专家模型接收输入的概率来平衡各个专家模型的负载。

使用无辅助损失的负载均衡策略，系统会根据专家模型的历史负载情况，动态调整其"任务接收能力"。当某个专家模型长时间处于过载状态时，系统会降低其分配新任务的概率；相反，对于负载较轻的专家模型而言，系统则会增加其接收任务的机会。这样的自适应机制不仅考虑了任务的专业性，还考虑了当前的工作负载，从而确保了系统在长期运行中的负载平衡。

正是基于 DeepSeek 对混合专家模型的深度使用和优化，其训练效率得到了显著提升。

2. 多头潜在注意力

Transformer 架构最核心的设计就是注意力机制。在输入的内容中，每个单词的表示（embedding）都会被投影成 Q、K、V 这三个向量，并通过计算来捕捉单词之间的关系，解决序列处理中的长距离依赖问题，从而提高理解和表达能力。

- Q（Query）：查询向量，表示查询当前单词与别的单词的相关性。
- K（Key）：关键向量，表示当前单词是否重要，别的单词是否应该关注自己。
- V（Value）：值向量，表示当前单词携带的信息。当它被关注时，这部分信息会被用来更新查询单词的表示。

现在，我们举个例子来理解。在"Apple released a new iPhone, and I ate an apple."这句话中出现了两个同样的单词"apple"，第一次出现表示公司，第二次出现表示水果。在传统的神经网络中，单词"apple"可能会被向量化为一个固定的词向量，导致无法在不同语境下理解"apple"的含义。

在这句话中，首先把"apple"作为目标单词，使用这个单词的 Q 向量，去匹配其他单词的 K 向量。然后，通过计算 Q 和 K 向量，即可计算出每个单词与目标单词之间的相似度，之后依次计算得到每个单词的注意力权重值。这些不同的注意力权重，反映了每个单词在当前上下文中对目标单词的重要性。最后，其他单词的 V 向量都会与其对应的注意力权重值相乘再求和，第一个"Apple"的最终表示将综合"released"和"iPhone"的相关信息，使它在上下文中的表示更加偏向公司的相关语义。

对于复杂的语言信息，单一的"视角"可能不足以捕捉所有的语义信息。例如，在上面的例子中，"Apple"的语义可能涉及公司、产品等，而这些信息只能通过多个角度来综合捕捉，所以就出现了 MHA（Multi-Head Attention，多头注意力）机制，使得大模型能够综合多种关系和上下文，提高信息处理的多样性和准确性。

但是，多头注意力机制需要独立缓存每个注意力头的键值矩阵，也就是 K 向量和 V 向量，这增加了内存占用。

为了解决这个问题，DeepSeek 引入了 MLA（Multi-Head Latent Attention，多头潜在注意力）技术。此技术通过低秩联合压缩技术，将键值矩阵压缩为低维的潜在向量（latent vector），仅需存储压缩后的潜在向量，而不是独立的键值矩阵。这使得 KV 存储显著降低了内存占用。

3. 多 Token 预测

传统的语言模型通常采用单 Token 预测的方式，也就是说，模型在生成时每次只预测一个 Token。每次需要等待下一个词的生成，直到完成整个句子的生成。虽然这种方法简单直观，但是效率太低，而且由于难以考虑整个序列中的多个位置，导致上下文理解受限，这大大限制了模型在捕捉全局语义上的能力。

所以，DeepSeek 引入了 MPT（Multi-Token Prediction，多 Token 预测）技术。在训练过程中，模型不再局限于预测序列中的下一个 Token，而是学会同时预测多个连续位置的 Token，最后选择其中相关性更强的部分进行组合。打破了传统语言模型的局限，显著提高了生成速度和文本质量。

4.2.2 本地部署

本节将开始在本地部署 DeepSeek 大模型，并详细介绍其部署流程和具体操作步骤。本地化部署大模型的常用方法之一是 Ollama，这是一款专为个人计算机或服务器设计的本地化运行的大模型框架。Ollama 提供了一键式下载、安装和管理功能，同时兼容多种主流模型，极大地简化了部署过程。通过 Ollama，用户可以轻松完成 DeepSeek 模型的本地部署。

首先，访问 Ollama 官网，查看支持的操作系统并下载对应的版本。以 Mac 操作系统为例，下载完成后会得到一个压缩包。解压后即可获得一个应用程序，用户只需按照安装普通应用程序的方式进行安装，整个过程简单快捷，无需复杂配置。

在 Ollama 应用安装完成后，首次打开时系统会提示安装 Ollama 命令行工具。为了方便后续操作，建议选择安装该工具。安装完成后，可以在命令行中输入 ollama help 进行验证。如果命令行显示正常的输出结果，则表明 Ollama 已成功安装并可正常使用。

接下来返回 Ollama 官网并点击 Models 页面，查看其支持的几乎所有主流的模型列表。用户可以通过搜索栏快速找到所需的模型。例如，当搜索"Deepseek-R1"时，我们会看到该模型提供了多个版本，包括 1.5b、7b、8b、14b、32b、70b 和 671b 这 7 个版本。其中，b 表示参数单位为 10 亿，例如 1.5b 表示该模型拥有 15 亿个参数。

不同版本的 DeepSeek-R1 对存储空间的需求各不相同。例如，1.5b 版本仅需约 1.1GB 的存储空间，而 7b 和 8b 版本则需要 4.5GB 至 5GB 的存储空间。虽然 1.5b 版本占用存储空间较小，但它在理解和生成质量方面表现较弱，难以满足复杂任务的需求。通常情况下，对于本地部署，推荐使用 8b 版本，它是性能和生成质量综合评估下的理想选择。

现在，我们在命令行中输入 ollama run deepseek-r1:8b 命令，此命令将开始下载 8b 版本的模型文件。下载完成后，命令行会显示"Send a message"的提示，表示模型已准备就绪。此时，我们可以在命令行中随便输入一句话，以测试和验证模型是否可以正常工作。

输入：你是什么模型

当输入完成后，按下回车键，等待大模型的输出结果。

输出：我是 DeepSeek-R1，一个由深度求索公司开发的智能助手，我会尽我所能为您提供帮助。

当看到大模型正常输出时，说明 DeepSeek 模型已成功部署在本地。这意味着用户可以直接在本地环境中更方便地使用 DeepSeek 模型及其 API 服务，无须依赖网页版，同时无须担忧隐私泄露的问题。

4.2.3 基于 Python 调用

在 DeepSeek 本地部署完成后，本节将在 Python 代码中实现对 DeepSeek 的调用。虽然 DeepSeek 模型与 OpenAI 发布的模型来自不同的服务商，但其接口设计兼容，因此这里会安装 openai 包，并在代码中引入。

首先，检查本地是否安装了 Python，推荐使用 Python3.8 及以上版本。然后，使用 pip 包管理工具安装 openai 官方包，如代码清单 4-10 所示。

代码清单 4-10 安装 openai 官方包

```
pip install openai

# 根据自己的 Python 版本选择不同的 pip 版本
pip3 install openai
```

安装完成后，在本地新建一个 Python 文件，编写调用 openai 包的代码，并配置在 DeepSeek 官网申请的 API Key（或直接使用本地部署的 DeepSeek），如代码清单 4-11 所示。

代码清单 4-11 在 Python 代码中调用 DeepSeek

```python
from openai import OpenAI

client = OpenAI(api_key="<DeepSeek API Key>", base_url="https://api.deepseek.com")

response = client.chat.completions.create(
    model="deepseek-chat",
    messages=[
        {"role": "system", "content": "你是一个智能助手，名字叫聪聪"},
        {"role": "user", "content": "你好,你是谁？"},
    ],
    stream=False
)

print(response.choices[0].message.content)
```

接着，在命令行中使用 Python 命令执行此脚本，等待其响应输出。

输出：你好！我是聪聪，一个智能助手。我可以帮助你解答问题、提供信息或执行各种任务。有什么我可以帮你的吗？

如果看到上述输出，则表示已经成功调用 DeepSeek。在该代码中，我们未使用推理模型，且采用的是阻塞式输出。接下来将演示如何使用推理模型并实现流式响应输出，如代码清单 4-12 所示。

代码清单 4-12 流式调用 DeepSeek 的推理模型

```python
from openai import OpenAI
```

```python
client = OpenAI(api_key="<DeepSeek API Key>", base_url="https://api.deepseek.com")

response = client.chat.completions.create(
    model="deepseek-reasoner",
    messages=[
        {"role": "system", "content": "你是一个智能助手,名字叫聪聪"},
        {"role": "user", "content": "你好,你是谁?"},
    ],
    stream=True
)

for chunk in response:
    if chunk.choices:
        # DeepSeek 流式返回的数据结构中,每个 chunk 里的 choices[0] 是一个对象,它的
          delta.content 存储着新生成的文本
        delta = chunk.choices[0].delta
        if hasattr(delta, "content") and delta.content:
            print(delta.content, end="", flush=True)  # 逐步输出推理过程
```

现在,重新在命令行中使用 Python 命令执行此脚本,等待其响应输出。

输出:你好!我是聪聪,一个由中国的深度求索(DeepSeek)公司开发的智能助手。我擅长通过自然语言处理技术来理解和回应各种问题,无论是学习、工作还是生活中的需求,我都会尽力提供帮助。如果你有任何疑问或有需要协助的地方,随时告诉我哦。

在输出过程中可以看到,DeepSeek 会以流式的方式逐步生成并展示内容,使用户能够实时查看生成过程。这种流式输出在实际应用场景中至关重要,它能够显著减少等待时间,提高响应速度,从而大幅提升用户体验。

在掌握了这个基础示例后,大家可以自行调试代码,尝试不同的参数设置,深入探索 DeepSeek 在各种场景下的应用。此外,大家还可以结合流式输出、不同模型调用以及复杂推理任务,挖掘更多使用方式。

4.3 认识 Milvus 向量数据库

本节将重点讲解 Milvus 向量数据库的基础知识。首先从向量数据库的概念出发,深入分析其核心技术与原理,然后结合实际应用场景分享典型案例,以帮助读者更好地理解和掌握相关内容。

4.3.1 Milvus 介绍

向量数据库是一类专门用于存储、管理和高效检索高维向量数据的数据库系统。向量是数学中的基本概念,表示一个既具有方向又具有大小的量。在向量数据库中,向量用于描述数据的特征,每个数据对象(如文本、图像、音频等)都会被转换为一个向量,并存储在

数据库中，以便进行高效的检索和分析，如下所示。
- 文本数据：一段文本可以被转换为向量，以支持完成内容识别和相似性检索等任务。
- 图像数据：一张图片可以被转换为向量，以支持完成视觉搜索、图像分类等任务。
- 音频数据：一段语音可以被转换为向量，以支持完成语音识别、音频比对等任务。

相比于传统的关系数据库或文档数据库，向量数据库能够高效处理海量的非结构化数据，并通过向量化表示实现快速的相似性搜索。所以，向量数据库的主要应用集中在内容识别和相似度搜索领域，且不局限于数据格式。

常见的向量数据库包括 Milvus、Faiss 和 Weaviate 等。其中，Milvus 作为一款开源的高性能、高可扩展向量数据库，凭借其卓越的性能和灵活的架构，在众多产品中脱颖而出。无论是小型项目还是大规模分布式系统，Milvus 都能轻松胜任。

与关系数据库类似，Milvus 也引入了数据库和数据表的概念。不过，在 Milvus 中，数据表以集合的形式呈现。集合本质上仍然是一个二维表，具有固定的列和动态变化的行。表中的每条数据记录在 Milvus 中，被称为"实体"。每个集合只能拥有一个主键，用于唯一标识数据记录，将实体与其他实体区分开来。此外，Milvus 支持多租户功能，通过为每个租户分配独立的数据库，使他们能够创建自己的集合。

每个集合都有唯一的名称和表结构定义，表结构定义被称为模式（schema）。模式可以用于定义集合中各字段的名称和数据类型。与此同时，Milvus 还支持为集合创建多种类型的索引，包括向量索引和标量索引。其中，向量索引支持欧氏距离（L2）、内积（IP）和余弦相似度等不同的度量类型。标量索引支持整型、字符串、浮点数等类型，类似于传统的数据库索引，用于通过特定的非向量字段值加速元过滤。

Milvus 采用共享存储架构，具有存储与计算分离及横向扩展的能力，它整体设计由 4 个核心层组成，分别是接入层、协调器服务、工作节点和存储层。这种分层设计理念融合了多种数据库的特性，例如 MySQL 和 Elasticsearch 等。

其中，接入层由无状态的代理组件构成，例如通过 Nginx 实现负载均衡功能。协调器服务作为系统的大脑，负责任务的分配与调度。它又细分为根协调器、查询协调器和数据协调器。由于存储与计算分离的设计，工作节点也是无状态的，因此能够天然支持自动扩容。工作节点根据功能划分为查询节点、数据节点和索引节点。这三种节点各司其职，遵从协调器服务的指令，执行来自代理的不同操作。

比如，在创建完集合后，Milvus 中的工作节点就会开始执行插入数据和删除数据等操作，主要包括 3 类不同的操作。
- DDL（Data Definition Language）：即数据定义语言，比如定义集合、字段类型等。
- DML（Data Manipulation Language）：即数据操作语言，比如插入数据、删除数据等。
- DQL（Data Query Language）：即数据查询语言，比如查询数据、搜索数据等。

通过这种设计，Milvus 能够高效地处理数据定义、操作和查询任务，为用户提供流畅的使用体验，同时确保系统的稳定性和高效性。

随着大模型和 RAG 技术的快速发展，向量数据库的价值进一步显现出来。大模型对外部知识的检索需求大幅增长，而向量数据库凭借高效、精准的向量搜索能力，成为支撑大模型应用的关键技术之一。

4.3.2 本地搭建 Milvus

目前，Milvus 提供以下 3 种不同的部署选项。从在 Jupyter Notebook 中运行一个简单的样例程序，到构建服务数十亿用户的大规模搜索系统，它都可以实现。

- Milvus Lite：一个可以随时在项目中导入的 Python 库，作为 Milvus 的轻量级版本，它非常适合在本地小程序或有限的设备上运行，一般用于小规模演示。
- Milvus Standalone：Milvus 的单机部署版本，它把所有组件都打包到一个 Docker 镜像中，部署起来非常方便。虽然是单机版本，但是它支持通过主从复制来实现高可用。
- Milvus Distributed：Milvus 的分布式版本，可部署在 Kubernetes 集群上。这种部署采用云原生架构，数据导入和搜索查询分别由独立节点处理，允许关键组件冗余。它具有最高的可扩展性和可用性，是大规模海量级数据需求下的首选。

我们选择使用 Milvus 的单机部署方式。该版本提供了 Docker Compose 配置文件，支持容器化快速部署。目前，Milvus 的最新版本是 2.5.x。我们选择最新版本安装部署，只需要运行以下代码，就可以实现安装部署和启动运行，如代码清单 4-13 所示。

代码清单 4-13　安装 Milvus 单机版

```
# 下载 docker-compose.yml 文件
wget https://github.com/milvus-io/milvus/releases/download/v2.5.5/milvus-
    standalone-docker-compose.yml -O docker-compose.yml

# 开始部署启动
sudo docker compose up -d

# 如果执行启动命令时出现 must use ASL logging (which requires CGO) 报错，则不使用 sudo
# docker compose up -d
```

在部署启动后，如果看到 milvus-etcd 容器、milvus-minio 容器、milvus-standalone 这三个容器全部启动成功的提示，则表示 Milvus 服务启动成功。我们还可以使用 docker ps 命令检查这三个容器的状态，如果不正常，则表示 Milvus 服务启动失败。

在检查这三个容器状态的同时，我们还可以看到它们的镜像名、开放端口等信息。这三个容器分别负责 Milvus 中的不同服务。

- milvus-etcd：注册中心服务，此容器不向主机暴露任何端口，并将其数据映射到当前文件夹的 volumes/etcd 目录。
- milvus-minio：存储服务，此容器使用默认身份验证，为本机暴露 9000 端口，并将其数据映射到当前文件夹的 volumes/minio 目录。

- milvus-standalone：实例服务，此容器使用默认配置，为本机暴露 19530 和 9091 端口，并将其数据映射到当前文件夹下的 volumes/milvus 目录。其中，9091 端口用于访问 Milvus 的网页端界面，19530 端口用于访问 Milvus 的向量存储服务。

接下来可以通过访问 http://127.0.0.1:9091/webui/ 这个地址，查看和使用 Milvus 的网页端界面，比如可以查看客户端连接情况等。

Milvus 支持 Python、Java、Go 等不同的语言。在 Python 语言中，Milvus 提供的包是 pymilvus，安装前需要确保使用 Python3.7 及以上版本，并且提前安装好 protobuf 和 grpcio-tools 依赖。最后下载 pymilvus 的最新版 2.5.4 即可，如代码清单 4-14 所示。

代码清单 4-14　下载 pymilvus 包

```
# 安装 protobuf 依赖
pip3 install protobuf==3.20.0

# 安装 grpcio-tools 依赖
pip3 install grpcio-tools

# 安装 2.5.4 版本的 pymilvus 包
python3 -m pip install pymilvus==2.5.4
```

在成功安装 pymilvus 包后，我们就可以在程序中使用了。在本地启动 Milvus 成功后，由于我们使用的是 Docker 方式安装，因此默认是没有密码的。通过直连 127.0.0.1:19530 这个地址，即可成功连接到 Milvus 实例服务，如代码清单 4-15 所示。

代码清单 4-15　连接到 Milvus 实例服务

```
from pymilvus import connections, db

conn = connections.connect(host="127.0.0.1", port=19530)

print(db.list_database())    # ['default']
```

注意，在本地测试中可以不使用密码。但是在线上生产环境中，为了安全要求，一定要设置密码，按照官方文档进行操作即可。

至此，我们已经成功在本地搭建起了 Milvus 向量数据库服务，并且在 Python 程序中成功进行了连接，为后续工作打下了基础。

4.3.3　核心技术与原理

本节将深入探讨向量数据库的核心技术及其实现原理。下面先来了解向量数据库中最关键的几个概念。

1. 文本嵌入

文本嵌入技术，简单说就是把输入的非结构化数据转换成数学中高维度向量的过程。

在这个过程中，通过使用深度学习模型或其他特征提取算法，任何不规则的非结构化数据都可以经过转换映射到可计算的向量空间中。

嵌入的质量直接影响了向量数据库的搜索精度和计算效率。如果嵌入生成的向量能准确捕捉数据的语义特征，相似性搜索的效果就会更优。

因此，在向量数据库的应用中，选择合适的嵌入模型至关重要。针对不同的应用场景，如文本嵌入、图像嵌入、音频嵌入等，应采用专门优化的模型，以确保最佳的特征表达和检索效果。

2. 相似性搜索

相似性搜索是向量数据库最核心的功能之一，其关键在于向量间的相似度计算。通常，相似度计算算法主要分为以下两类。

- 最近邻搜索（K-Nearest Neighbor，KNN）：返回与查询向量最相似的 K 个结果，不计速度与性能，只追求最准确的结果。通常基于欧几里得距离、余弦相似度等度量方式。
- 近似邻近搜索（Approximate Nearest Neighbor，ANN）：不一定返回最优解，而是返回一个足够接近的近邻向量。它的目标是牺牲部分精度换取更快的搜索速度，适用于大规模向量数据检索。

所以，如果数据量较小，使用 KNN 算法即可。如果数据量较多，推荐使用 ANN 算法。在常用的向量数据库中，一般都提供了适用于不同场景的计算算法。

3. 相似性度量

在相似性搜索中，向量之间的距离度量是评估两个向量相似程度的关键。不同的距离度量算法体现了不同的相似性判断标准，适用于不同的应用场景。常见的距离度量算法通常可分为基于距离的计算算法和基于相似度的计算算法。

基于距离的计算算法，可以通过计算向量间的距离来评估它们的相似性，距离越小，向量间的相似性越高。比如欧几里得距离（L2）算法，用于度量几何空间中两点间的几何距离，适用于数值数据，常用场景为图片检索。

基于相似度的计算算法，直接评估向量之间的相似性程度，而不是单纯关注距离。比如余弦相似度算法，它通过计算两个向量夹角的余弦值来评估它们的相似性，适用于文本数据，常用场景为文本搜索。

4.4 Milvus 本地知识库实践

4.3 节介绍了 Milvus 向量数据库的基础知识。本节将正式进入其应用实践环节。在实际场景中，向量数据库的使用通常围绕知识库展开，并可归纳为 3 个核心阶段：向量库设计、数据向量化以及数据检索。

为了更好地完成本地知识库实践，我们需要在本地创建一个新的 Python 项目，然后在该项目根目录下新建一个名为 knowledge 的目录。本节的所有流程都是离线的，并且所有操作都将在此 knowledge 目录中进行。

1. 设计知识集合

本地知识库实践的第一步是根据需求设计并创建用于存储数据的知识集合。这个集合中通常包括两个核心字段：一个自增的 id 字段和一个向量字段 vector。其中，向量字段 vector 是通过 nomic-embed-text 模型生成的，其向量化后的维度为 768。相似度计算使用 COSINE 算法，以实现高效的相似性匹配和检索功能。

（1）选择嵌入模型

在设计知识集合时，选择合适的嵌入模型至关重要。不同的嵌入模型会生成不同维度的向量，对中英文文本的支持效果也有所不同。这直接影响了向量计算的结果，从而决定了文本相似度计算的精准度。常用的嵌入模型包括 OpenAI 提供的 text-embedding-3-small、text-embedding-3-large 和 text-embedding-ada-002，以及国内各大模型厂商提供的嵌入系列模型。

为了方便在本地实践，我们选择开源的 nomic-embed-text 模型，它也是 Ollama 平台上最流行且效果卓越的嵌入模型。该模型的向量维度为 768，我们需要选择最新的 1.5 版本，通过运行 ollama pull nomic-embed-text:v1.5 命令完成模型下载。

在下载完成后，不需要执行 run 命令，因为 Ollama 平台提供了专门的嵌入接口。用户可以直接调用嵌入接口测试文本嵌入，如代码清单 4-16 所示。

代码清单 4-16　调用嵌入接口测试文本嵌入

```
curl http://localhost:11434/api/embeddings -d '{
    "model": "nomic-embed-text",
    "prompt": "你好吗？"
}'
```

我们把上述请求 Ollama 的嵌入接口的命令在命令行中执行，其返回结果如下。

```
{"embedding":[-0.3304842710494995,...,-0.35067149996757511]}
```

可以发现，它返回了一组长度为 768 的浮点数数组，表示我们输入的"你好吗"经过向量化后生成了一个 768 维的嵌入向量。

（2）定义知识集合

这里以电影数据集合为例，我们需要创建用于存储电影数据的 aisearch_movie 集合，作为我们的本地知识库。除了主键 id 字段和向量 vector 字段外，集合中还包含电影 ID 标识字段、电影名称 name 字段、电影简介 description 字段等。其中，向量字段 vector 是通过对电影名称 name 字段进行 nomic-embed-text 模型向量化处理后生成的，用于支持高效的向量检索操作，从而实现更精准的电影数据检索。

2. 创建知识集合

在 knowledge 目录下开发 create_collection.py 脚本文件,用于创建知识集合,如代码清单 4-17 所示。

代码清单 4-17　创建知识集合

```python
"""
@File: create_collection.py
@Date: 2024/6/13 10:20
@desc: 创建集合
"""
from pymilvus import MilvusClient, DataType
from wpylib.pkg.singleton.milvus.milvus import Milvus

# 创建客户端链接
client = Milvus(
    milvus_config={
        "uri": "http://127.0.0.1:19530",
        "host": "127.0.0.1",
        "port": "19530",
        "db_name": "milvus_aisearch",
        "collection": {
            "test": "test"
        }
    },
    model_config={
        "api_base": "http://localhost:11434",
        "api_key": "ollama",
        "embedding_dims": 768,
        "model": "nomic-embed-text",
        "model_type": "embedding_type_nomic",
        "retry": 3,
    }
)
client = client.get_instance_milvus()

# 如果存在此集合,则删除
collection_name = "aisearch_movie"
if client.has_collection(collection_name=collection_name):
    client.drop_collection(collection_name=collection_name)

# 定义 schema
schema = MilvusClient.create_schema(
    auto_id=True,
    enable_dynamic_field=True,
)

# 设置 schema 字段
schema.add_field(field_name="id", datatype=DataType.INT64, is_primary=True)
schema.add_field(field_name="movie_id", datatype=DataType.INT64)
```

```python
schema.add_field(field_name="vector", datatype=DataType.FLOAT_VECTOR, dim=768)
schema.add_field(field_name="name", datatype=DataType.VARCHAR, max_length=512)
schema.add_field(field_name="description", datatype=DataType.VARCHAR, max_
    length=4096)

# 创建索引
index_params = MilvusClient.prepare_index_params()
index_params.add_index(
    field_name="vector",
    metric_type="COSINE",
    index_type="IVF_FLAT",
    index_name="vector_index",
    params={"nlist": 128}
)

# 基于 schema 创建
client.create_collection(
    collection_name=collection_name,
    schema=schema,
    index_params=index_params
)

# 打印集合列表
print(client.list_collections())
```

完成该脚本文件的开发后,在命令行执行 python create_collection.py 命令。运行完成后,在打印出的集合列表中可以看到已创建的 aisearch_movie 集合,表示知识集合已成功创建。

3. 制备知识数据

在完成知识集合的设计与创建后,下一步就是开始制备知识数据。

(1) 创建知识数据表

一般情况下,为了方便知识数据的同步和管理,建议把制备好的知识数据存储到 MySQL 数据库中。所以,我们可以创建一张知识数据表,如代码清单 4-18 所示。

代码清单 4-18 创建知识数据表

```
CREATE TABLE IF NOT EXISTS `aisearch_knowledge_movie`
(
    `id`             BIGINT UNSIGNED NOT NULL AUTO_INCREMENT COMMENT 'ID',
    `name`           VARCHAR(512)  NOT NULL DEFAULT '' COMMENT '电影名称',
    `category_json`  VARCHAR(1024) NOT NULL DEFAULT '' COMMENT '电影类型(JSON格式)',
    `duration`       VARCHAR(64)   NOT NULL DEFAULT '' COMMENT '电影时长',
    `country_json`   VARCHAR(1024) NOT NULL DEFAULT '' COMMENT '国家',
    `showtime`       VARCHAR(64)   NOT NULL DEFAULT '' COMMENT '上映时间',
    `description`    VARCHAR(4096) NOT NULL DEFAULT '' COMMENT '电影简介',
    `score`          DECIMAL(2, 1) NOT NULL DEFAULT 0.0 COMMENT '电影评分',
    `deleted`        TINYINT UNSIGNED NOT NULL DEFAULT '0' COMMENT '删除(0:正常;1:删除)',
```

```
    `create_time`    DATETIME      NOT NULL DEFAULT CURRENT_TIMESTAMP COMMENT '创建时间',
    `update_time`    DATETIME      NOT NULL DEFAULT CURRENT_TIMESTAMP ON UPDATE CURRENT_
        TIMESTAMP COMMENT '更新时间',
    PRIMARY KEY (`id`)
) ENGINE=InnoDB DEFAULT CHARSET=utf8mb4 COLLATE=utf8mb4_0900_ai_ci COMMENT='电影知识库';
```

在上述知识数据表的定义中，我们已经完整地设置了必要的字段。因此，在知识集合中无须额外定义过多字段。通过知识集合中的 movie_id 字段，可以回溯查询知识数据表，从而获取更详细的信息。

（2）收集与解析数据

根据知识库类型的不同，收集数据的方式也有所不同。常见的数据源包括实体类的书籍、报刊等，以及电子类的图片、网站、电子书等。在数据收集过程中，我们需特别注意第三方平台的使用声明，以避免出现合规性问题。通过对这些资料进行录入、读取和解析，可以初步生成数据。通常还需要对数据进行二次清洗，才能最终获得可用的数据。

（3）生成并存储知识数据

在经过一系列的数据处理后，假设我们生成了一些可用数据。现在，我们在 MySQL 数据库中执行插入命令，将可用数据存储到知识数据表中，如代码清单 4-19 所示。

代码清单 4-19　将可用数据存储到知识数据表中

```
INSERT INTO `aisearch_knowledge_movie` (`name`, `category_json`,
    `duration`, `country_json`, `showtime`, `description`)
VALUES
    ('定军山', '[\"京剧\", \"戏曲\"]', '30分钟', '中国', '1905-12-28 上映',
        '影片《定军山》取材于《三国演义》第 70 回和 71 回，是讲三国时期刘备与曹操用兵的故事，
        由著名京剧老生表演艺术家谭鑫培表演。'),
    ('上甘岭', '[\"剧情\", \"战争\"]', '124分钟', '中国', '1956-12-01 上映',
        '1952 年秋，美军在朝鲜中部三八线附近发动大规模的攻势，企图夺取上甘岭主峰阵地五圣
        山。上甘岭战役爆发。志愿军某部八连，在连长张忠发的率领下坚守阵地，与敌人浴血奋战，最
        终取得胜利。'),
    ('地道战', '[\"战争\"]', '96分钟', '中国', '1966-01-01 上映', '1942 年，日
        军侵华的战火烧到了冀中平原。根据地人民为了抵御和打击日寇，想出了不少巧妙的办法，地道
        战就是其中之一。'),
    ('英雄儿女', '[\"剧情\", \"战争\"]', '108分钟', '中国', '1964 年 上映',
        '以抗美援朝时期为背景，讲述了志愿军战士王成在一场战斗中喊出了"为了胜利，向我开炮"
        壮烈牺牲后，妹妹王芳在政委王文清的帮助下坚持战斗，最终和养父王复标、亲生父亲王文清
        在朝鲜战场上团圆的故事'),
    ('闪闪的红星', '[\"剧情\"]', '100分钟', '中国', '1974-10-01 上映', '本片以第
        二次国内革命战争为历史背景，讲述了"党的孩子"潘冬子在艰难困苦的环境中，接受党的教育、
        帮助，逐渐成长为革命小英雄的故事');
```

在执行完上述语句后，我们就成功完成了知识数据的制备。

（4）自动化数据管道

为了简化上述的流程，可以设计一个自动化数据管道。自动化数据管道是一套流程与

方法，用于简化不同数据源的收集与解析过程。它支持不同数据源的标准化加载，然后通过数据流的形式，对数据进行统一的处理，最终生成可用的数据。目前，自动化数据管道的解决方案已经相对成熟，且实现方式多种多样，在这里不再详细介绍。

4. 同步至知识集合

在 knowledge 目录下创建 source_collection.py 脚本文件，用于从知识数据表中读取数据，并将数据同步至 aisearch_movie 集合中，如代码清单 4-20 所示。

代码清单 4-20　将数据同步至 aisearch_movie 集合

```python
"""
@File: source_collection.py
@Date: 2024/6/13 10:20
@desc: 将数据同步至 aisearch_movie 集合
"""
from wpylib.pkg.singleton.milvus.milvus import Milvus
import pymysql

# 创建客户端链接
client = Milvus(
    milvus_config={
        "uri": "http://127.0.0.1:19530",
        "host": "127.0.0.1",
        "port": "19530",
        "db_name": "milvus_aisearch",
        "collection": {
            "aisearch_answer": "aisearch_answer",
            "aisearch_movie": "aisearch_movie",
            "test": "test",
        }
    },
    model_config={
        "api_base": "http://localhost:11434",
        "api_key": "ollama",
        "embedding_dims": 768,
        "model": "nomic-embed-text",
        "model_type": "embedding_type_nomic",
        "retry": 3,
    }
)

# 定义集合名称
collection_name = "aisearch_movie"


# 开始同步
def sync_movie_from_mysql():
    """ 从 MySQL 读取所有电影数据 """
    # 连接数据库
```

```python
connection = pymysql.connect(
    host="127.0.0.1",
    port=3306,
    user="root",
    password="",
    database="temp_aisearch",
    charset="utf8mb4",
    cursorclass=pymysql.cursors.DictCursor
)

try:
    with connection.cursor() as cursor:
        # 读取所有未删除的电影数据
        sql = "SELECT id, name, category_json, duration, country_json, \
            showtime, description, score FROM aisearch_knowledge_movie \
            WHERE deleted = 0;"
        cursor.execute(sql)
        movies: list[dict] = cursor.fetchall()

        for movie in movies:
            movie_id = movie["id"]
            name = movie["name"]
            category_json = movie["category_json"]
            duration = movie["duration"]
            country_json = movie["country_json"]
            showtime = movie["showtime"]
            description = movie["description"]
            score = movie["score"]

            # 处理数据
            print(f"电影ID: {movie_id}, 名称：{name}, 评分：{score}")

            # 插入向量数据库
            name_embedding = client.embed(name)
            data = [
                {
                    "movie_id": movie_id,
                    "vector": name_embedding,
                    "name": name,
                    "category_json": category_json,
                    "duration": duration,
                    "country_json": country_json,
                    "showtime": showtime,
                    "description": description,
                    "score": score,
                }
            ]
            res = client.insert(
                collection_name=collection_name,
                data=data
            )
```

```
                    print(res)   # {'insert_count': 1, 'ids': [1]}
        except Exception as e:
            print(f"查询数据失败：{e}")
        finally:
            connection.close()


sync_movie_from_mysql()
```

5. 搜索与查询知识集合

现在所有前置的工作都已经完成，剩下的就是搜索与查询知识集合，验证我们的数据是否已经成功写入 Milvus 本地知识库以及是否能被成功检索到。所以，在 knowledge 目录下编写 search_collection.py 脚本文件，用于搜索与查询知识集合，如代码清单 4-21 所示。

代码清单 4-21　搜索与查询知识集合

```
"""
@File: search_collection.py
@Date: 2024/6/13 10:20
@desc: 搜索知识集合
"""
from wpylib.pkg.singleton.milvus.milvus import Milvus
import sys

# 创建客户端链接
client = Milvus(
    milvus_config={
        "uri": "http://127.0.0.1:19530",
        "host": "127.0.0.1",
        "port": "19530",
        "db_name": "milvus_aisearch",
        "collection": {
            "aisearch_answer": "aisearch_answer",
            "aisearch_movie": "aisearch_movie",
            "test": "test"
        }
    },
    model_config={
        "api_base": "http://localhost:11434",
        "api_key": "ollama",
        "embedding_dims": 768,
        "model": "nomic-embed-text",
        "model_type": "embedding_type_nomic",
        "retry": 3,
    }
)

# 定义变量
collection_name = "aisearch_movie"
```

```
output_fields = ["id", "name"]
args = sys.argv[1:]
if len(args) != 1:
    print("请输入搜索的内容")
    exit(1)
query = args[0]

# 开始搜索
search_res = client.search(
    collection_name=collection_name,
    query=query,
    output_fields=output_fields
)
print(search_res)

# 查询所有数据
query_res = client.query(
    collection_name=collection_name,
    filter_str="id > 0",
    output_fields=output_fields
)
print(query_res)
```

在命令行执行此脚本,并传入"英雄"这个参数,然后观察输出结果,如下所示。

[{'id': 457560949563833374, 'distance': 0.8632064461708069, 'entity': {'id': 457560949563833374, 'name': '英雄儿女'}}, {'id': 457560949563833370, 'distance': 0.5655280947685242, 'entity': {'id': 457560949563833370, 'name': '上甘岭'}}, {'id': 457560949563833376, 'distance': 0.5385007262229919, 'entity': {'i560949563833376, 'name': '闪闪的红星'}}]

data: ["{'id': 457560949563833368, 'name': '定军山'}", "{'id': 457560949563833370, 'name': '上甘岭'}", "{'id': 457560949563833372, 'name': '地道战'}", "{'id': 457560949563833374, 'name': '英雄儿女'}", "{'id': 457560949563833376, 'name': '闪闪的红星'}"]

我们可以看到,在输出的第一行中使用了相似度查询,成功检索出了最相近的《英雄儿女》的描述数据。在输出的第二行中使用标量查询,成功把当前向量库中的所有数据都检索了出来。

4.5 LangChain 基础知识

本节将讲解 LangChain 基础知识,理解其模块组成与生态情况,并重点探讨提示词模板与消息的使用方法。此外,我们还将学习创建模型与大模型链的方法。

4.5.1 核心组成与生态

LangChain 是一个功能强大的框架,致力于为大型语言模型的构建提供丰富的工具和组件。截至笔者写作时，主要有 v0.1、v0.2 和 v0.3 三个大版本。本书选择 v0.3.20 版本，帮助读者全面理解其核心组件与设计理念，读者可通过 pip install langchain==0.3.20 命令进行安装。

在 LangChain 的早期版本（例如 v0.0.1）中，所有组件都集中在一个模块 langchain 中，包括提示词、模型、工具等。后来，为了提升扩展性，对 LangChain 的架构进行了较大的拆分与调整。目前，LangChain 的核心组成结构如下所示。

- langchain-core：是 Langchain 最底层的核心抽象层，它定义了提示词、模型、向量存储（文档加载器、嵌入模型、文档索引）等组件的基础抽象。
- langchain：是对 langchain-core 抽象层的实现，完成了所有抽象层组件的实现。
- langchain-package：是一些重要但是拆分出去的轻量级包，仍然由 LangChain 团队维护，如 langchain-openai 等包。
- langchain-community：是开源社区维护的第三方集成包。
- langgraph：旨在替代传统的 AgentExecutor，提供更加灵活和可定制的代理工作流。
- langchain-experimental：用于实验性研究的代码库，不建议在生产环境中使用。

随着不断发展，LangChain 早已经不仅是一个框架，而是发展成为一个完整的生态系统。这个生态系统由多个重要组成部分共同构建，包括 LangSmith、LangGraph 以及 LangChain 开源社区提供的第三方集成库。

作为生态系统中的关键工具，LangSmith 提供了强大的调试和可观测性功能。借助 LangSmith，开发者能够对 LangChain 的工作流进行全面监控和深度调试，确保每个环节都能按预期顺利运行。此外，LangSmith 还集成了 LangGraph Platform 平台，提供了一个图形化且高度可定制的工作流设计工具，使复杂任务的执行流程能够以更直观的方式进行配置与优化。这一生态系统的构建，为开发者创造了更加灵活、高效的开发体验，同时推动了 LangChain 在更广泛应用场景中的落地与发展。

4.5.2 创建提示词模板

在 LangChain 设计中，提示词主要可以通过两种方式创建：一种是面向单轮文本生成任务时创建的提示词，适用于生成翻译、摘要、代码补全等场景；另一种是面向多轮对话时创建的提示词，比如客服对话、聊天助手等场景。

我们先看一下在单轮对话中如何创建提示词模板，如代码清单 4-22 所示。

代码清单 4-22　创建单轮对话中的提示词模板

```
from langchain.prompts import PromptTemplate

string_prompt_template = PromptTemplate.from_template("你好，帮我解决这个问题：{question}")
print("1: ", string_prompt_template)          # 打印提示词模板

string_prompt = string_prompt_template.format(question="为什么天空是蓝色的？")
print("2: ", string_prompt)                   # 打印使用变量进行填充后的提示词
```

在上面的代码中，打印部分的输出内容如下所示。

```
1:  input_variables=['question'] template='你好，帮我解决这个问题：{question}'
2:  你好，帮我解决这个问题：为什么天空是蓝色的？
```

上述方法基于模板字符串创建了一个提示词模板对象，使开发者能够定义包含占位符的模板，并根据输入动态填充这些占位符，从而生成实际的提示文本。这种方式特别适用于单轮文本生成任务。

多轮对话的消息结构和单轮会话有所区别，它是一个消息列表，其中每个消息都有 role 和 content 这两个不同的属性，role 表示聊天中的角色，可以是 system、human 和 ai，比如我们可以先创建三个不同角色的提示词，如代码清单 4-23 所示。

代码清单 4-23 创建多轮对话中的提示词模板

```
from langchain.prompts import HumanMessagePromptTemplate, SystemMessagePromptTemplate
from langchain_core.prompts.chat import ChatPromptTemplate

system_message_prompt = SystemMessagePromptTemplate.from_template(template=
    "# 角色 \n 你是一个智能助手，名字叫聪聪 ")
human_message_prompt = HumanMessagePromptTemplate.from_template(template=" 你
    好，你是谁？ ")
print("1: ", system_message_prompt, human_message_prompt)

chat_prompt_template = ChatPromptTemplate.from_messages(messages=[
    system_message_prompt, human_message_prompt
])
print("2: ", chat_prompt_template.messages)
```

在上面的代码中，打印部分的输出内容如下所示。

```
1:  prompt=PromptTemplate(input_variables=[], template='# 角色 \n 你是一个智能助手，
    名字叫聪聪 ') prompt=PromptTemplate(input_variables=[], template=' 你好，你是谁？ ')

2:  [SystemMessagePromptTemplate(prompt=PromptTemplate(input_variables=[],
    template='# 角色 \n 你是一个智能助手，名字叫聪聪 ')), HumanMessagePromptTemplate(
    prompt=PromptTemplles=[], template=' 你好，你是谁？ '))]
```

LangChain 提供了 SystemMessage 对象，HumanMessage 对象，我们可以使用这些不同的 Message 对象更简单、方便地创建提示词模板，如代码清单 4-24 所示。

代码清单 4-24 使用不同的 Message 对象创建提示词模板

```
from langchain_core.prompts.chat import ChatPromptTemplate, HumanMessage,
    SystemMessage

chat_prompt_template = ChatPromptTemplate.from_messages(messages=[
    SystemMessage(content="# 角色 \n 你是一个智能助手，名字叫聪聪 "),
    HumanMessage(content=" 你好，你是谁？ ")
])
print("1: ", chat_prompt_template.messages)
```

在调用后,我们打印的模板消息的输出内容如下所示。

```
1: [SystemMessage(content='# 角色 \n 你是一个智能助手,名字叫聪聪 '), HumanMessage
(content=' 你好,你是谁? ')]
```

4.5.3 创建模型

只有创建了模型,后续我们才可以执行调用的过程。同样,LangChain 封装了支持一次和多次对话的大模型创建方法。创建通用模型的代码如代码清单 4-25 所示。

代码清单 4-25 创建通用模型

```
from langchain_openai import OpenAI

model = OpenAI(
    model="deepseek-chat",
    temperature=0.5,
    timeout=None,
    max_retries=3,
    api_key="",  # 配置你的 api_key
    base_url="https://api.deepseek.com",
    streaming=False,
)
print(model.invoke(input=" 你好,你是谁? "))
```

在上面的代码中,我们创建了一个使用 OpenAI 类初始化的模型,当运行的时候会发现代码报错。这并不是因为代码有问题,而是因为我们配置的 DeepSeek 模型不支持传统的单轮字符串输入模型。

通常,在接口的 API 地址中,以 OpenAI 为例,对话类模型接口都是 /model/chat/completion 接口,而单轮字符串输入模型接口都是 /model/completion 接口,所以从模型提供的接口名上可以看出它提供的是什么类型的服务。

如今,主流的大模型(如 GPT-4、DeepSeek、Claude、Gemini 等),基本采用了对话式交互设计。随着这一趋势的发展,许多厂商已经逐步取消了对单轮字符串输入的支持。这意味着,无论是接口设计还是调用方式,各厂商提供的接口地址通常不会再包含明显的区分信息,比如 DeepSeek 的 API 都是 https://api.deepseek.com/v1。

因此,支持多轮会话的大模型更适合构建对话式 AI 以及需要连续交互的应用场景。这类模型基于消息进行交互,能够处理多轮对话的上下文,并通常需要有明确的角色(如用户、助手等)定义。推荐不要再使用最初 OpenAI 提供的单轮字符串输入接口,统一都使用对话模型传递 messages 消息的调用方式。下面创建聊天类模型并开始调用,如代码清单 4-26 所示。

代码清单 4-26 创建聊天类模型后调用

```
from langchain_openai import ChatOpenAI

model = ChatOpenAI(
    model="deepseek-chat",
```

```
    temperature=0.5,
    timeout=None,
    max_retries=3,
    api_key="",    # 配置你的 api_key
    base_url="https://api.deepseek.com",
    streaming=False,
)
print(model.invoke(input=" 你好，你是谁？"))
```

在调用后，invoke 方法的输出内容如下所示。

content=' 您好！我是由中国的深度求索（DeepSeek）公司开发的智能助手 DeepSeek-V3。如您有任何问题，我会尽我所能为您提供帮助.' response_metadata={'token_usage': {'completio': 44, 'prompt_tokens_details': {'cached_tokens': 0, 'prompt_cache_hit_tokens': 0, 'prompt_cache_miss_tokens': 7}, 'model_name': 'deepseek-chat', 'system_fingerprint': 'fp_3a5770e1b4_prod0225', 'finish_reason': 'stop', 'logprobs': None} id='run-81624bde-50d1-4fe1-9039-0f88c8bda79b-0'

4.5.4 创建大模型链

4.5.3 节通过调用模型的 invoke 方法实现了一种简单的调用方式。然而，在实际应用中，更推荐使用一种更系统化的调用方式：大模型链（LLMChain）。

链（chain）是 LangChain 框架中模块化设计的核心理念之一。它通过将多个组件组合成一个连贯的调用序列，极大地简化了复杂应用的实现流程，同时提升了应用的模块化程度。这种设计使得应用更易于调试、维护和优化。

链式调用是一种基于逻辑顺序的调用机制，涵盖与大模型的交互、工具使用以及数据预处理步骤等多个环节。它不仅能够帮助开发者设计清晰的调用流程，还支持更复杂的应用场景。

通过链，我们可以将多个组件有机结合，构建出一个流程连贯的应用。例如，一个简单的链可以接收用户输入，使用 PromptTemplate 对输入进行格式化，然后将格式化后的内容传递给大模型进行处理。进一步来说，我们还可以通过组合多个链或将链与其他组件结合，来构建更复杂的应用逻辑。

LangChain 支持大模型操作、会话操作、文档向量化操作等，各种操作需要的多种不同的链，如 LLMChain、ConversationChain、StuffDocumentsChain 等。我们先看一下如何创建大模型操作链 LLMChain，如代码清单 4-27 所示。

代码清单 4-27　创建大模型操作链 LLMChain

```
from langchain import LLMChain
from langchain_openai import ChatOpenAI
from langchain_core.prompts.chat import ChatPromptTemplate
from langchain.prompts import HumanMessagePromptTemplate, SystemMessagePromptTemplate

system_message_prompt = SystemMessagePromptTemplate.from_template(template=
    "# 角色 \n 你是一个智能助手，名字叫聪聪 ")
```

```python
human_message_prompt = HumanMessagePromptTemplate.from_template(template=
    "# 用户问题 \n{input}")
chat_prompt_template = ChatPromptTemplate.from_messages(messages=[
    system_message_prompt, human_message_prompt
])

# 创建名为 model 的模型
model = ChatOpenAI(
    model="deepseek-chat",
    temperature=0.5,
    timeout=None,
    max_retries=3,
    api_key="",   # 配置你的 api_key
    base_url="https://api.deepseek.com",
    streaming=False,
)

# 创建大模型链
chain = LLMChain(
    llm=model,
    prompt=chat_prompt_template,
)

# 调用链
print(chain.invoke(input=" 你的名字叫什么？"))
```

在调用后，invoke 方法的输出内容如下所示。

```
{'input': ' 你的名字叫什么？ ', 'text': ' 你好，我的名字叫聪聪，很高兴认识你！ '}
```

我们还可以使用 LCEL 语法。作为一种更简单的表达式语言，它采用声明式方式，通过 "|" 符号将各种组件轻松链接成链式结构。每个组件的输出会自动作为下一个组件的输入，从而实现数据的高效传递与处理。使用 LCEL 语法创建大模型链如代码清单 4-28 所示。

代码清单 4-28　使用 LCEL 语法创建大模型链

```python
# 使用 LCEL 语法创建大模型链
chain = chat_prompt_template | model

# 调用链
print(chain.invoke(input=" 你的名字叫什么？"))
```

在调用后，大模型的输出内容如下所示。

```
content=' 你好！我的名字叫聪聪，很高兴认识你！有什么我可以帮你的吗？ ' response_
    metadata={'token_usage': {'completion_tokens': 18, 'prompt_tokens': 25,
    'total_tokens': 43, 'hed_tokens': 0}, 'prompt_cache_hit_tokens': 0,
    'prompt_cache_miss_tokens': 25}, 'model_name': 'deepseek-chat', 'system_
    fingerprint': 'fp_3a5770e1b4_prod0225', 'finish_reason': 'stop',
    'logprobs': None} id='run-1ec3a114-fc13-4e08-8c6b-b05f35b3a6cd-0'
```

4.6 精通 LangChain 的高级用法

本节将深入探讨 LangChain 的高级用法,并解决项目实战中常见的关键问题。通过这一部分的学习,将掌握如何灵活运用 LangChain 的高级功能构建更复杂、更智能的应用。

4.6.1 回调函数的使用

LangChain 提供了一个强大的回调系统,允许开发者在大模型应用程序的各个阶段插入自定义逻辑。这种机制对日志记录、性能监控、流式传输以及其他任务非常有用,可以帮助开发者更好地理解和管理链的执行流程。LangChain 的回调函数类型丰富,主要包括以下几种。

- on_chat_model_start:当聊天模型开始时触发。
- on_llm_start:当通用模型启动时触发。
- on_llm_end:当通用模型调用结束时触发。
- on_llm_error:当通用模型调用出错时触发。
- on_chain_start:当链开始调用时触发。
- on_chain_end:当链结束调用时触发。
- on_chain_error:当链调用出错时触发。
- on_tool_start:当工具开始调用时触发。
- on_tool_end:当工具调用结束时触发。
- on_tool_error:当工具调用出错时触发。
- on_text:当模型开始输出文本时触发。

我们如果使用 LangChain 回调,需要创建一个继承 BaseCallbackHandler 类的子类 Handler,然后在调用链时传递回调配置的函数即可,如代码清单 4-29 所示。

代码清单 4-29　调用大模型时使用回调配置的函数

```python
from langchain import LLMChain
from typing import Any, Dict, List
from langchain_openai import ChatOpenAI
from langchain_core.outputs import LLMResult
from langchain_core.messages import BaseMessage
from langchain_core.callbacks import BaseCallbackHandler
from langchain_core.prompts.chat import ChatPromptTemplate
from langchain.prompts import HumanMessagePromptTemplate, SystemMessagePromptTemplate


class LoggingHandler(BaseCallbackHandler):
    def on_chat_model_start(
            self, serialized: Dict[str, Any], messages: List[List[BaseMessage]],
            **kwargs
    ) -> None:
        print("回调执行:on_chat_model_start")

    def on_llm_end(self, response: LLMResult, **kwargs) -> None:
```

```
        print(" 回调执行：on_llm_end, response: {response}")

    def on_chain_start(
            self, serialized: Dict[str, Any], inputs: Dict[str, Any], **kwargs
    ) -> None:
        print(" 回调执行：on_chain_start")

    def on_chain_end(self, outputs: Dict[str, Any], **kwargs) -> None:
        print(f" 回调执行：on_chain_end, outputs: {outputs}")

system_message_prompt = SystemMessagePromptTemplate.from_template(template=
    "# 角色 \n 你是一个智能助手，名字叫聪聪 ")
human_message_prompt = HumanMessagePromptTemplate.from_template(template=
    "# 用户问题 \n{input}")
chat_prompt_template = ChatPromptTemplate.from_messages(messages=[
    system_message_prompt, human_message_prompt
])

# 创建名为 model 的模型
model = ChatOpenAI(
    model="deepseek-chat",
    temperature=0.5,
    timeout=None,
    max_retries=3,
    api_key="",   # 配置你的 api_key
    base_url="https://api.deepseek.com",
    streaming=False,
)

# 创建大模型链
chain = LLMChain(
    llm=model,
    prompt=chat_prompt_template,
)

# 调用链
callbacks = [LoggingHandler()]
print(chain.invoke(input=" 你的名字叫什么？", config={"callbacks": callbacks}))
```

在调用后，invoke 方法的输出内容如下所示。

```
回调执行：on_chain_start
回调执行：on_chat_model_start
回调执行：on_llm_end, response: generations=[[ChatGeneration(text=' 你好！
    我的名字叫聪聪，很高兴认识你！有什么我可以帮助你的吗？ ', generation_info={'finish_
    reason': 'stop',age(content=' 你好！我的名字叫聪聪，很高兴认识你！有什么我可以帮助你
    的吗？ ', response_metadata={'token_usage': {'completion_tokens': 18,
    'prompt_tokens': 25, 'total_tokens' {'cached_tokens': 0}, 'prompt_cache_
    hit_tokens': 0, 'prompt_cache_miss_tokens': 25}, 'model_name': 'deepseek-
    chat', 'system_fingerprint': 'fp_3a5770e1b4_prod0225', 'finish_reason':
    'stop', 'logprobs': None}, id='run-dab49c4b-68c4-41e4-87b0-
```

```
            4b2a33aefcf4-0'))]] llm_output={'token_usage': {'completion_tokens': 18,
            'prompt_tokens': 25, 'total_tokens': 43, 'prompt_tokens_details':
            {'cached_tokens': 0}, 'prompt_cache_hit_tokens': 0, 'prompt_cache_
            miss_tokens': 25}, 'model_name': 'deepseek-chat', 'system_fingerprint':
            'fp_3a5770e1b4_prod0225'} run=None
回调执行：on_chain_end, outputs: {'text': ' 你好！我的名字叫聪聪，很高兴认识你！有什么
            我可以帮助你的吗？'}
{'input': ' 你的名字叫什么？', 'text': ' 你好！我的名字叫聪聪，很高兴认识你！有什么我可以
            帮助你的吗？'}
```

4.6.2 聊天上下文管理

在调用大模型的过程中，多轮会话会涉及上下文的问题。在 LangChain 中，如何管理会话中的上下文呢？比如创建上下文管理，修改上下文。

ConversationBufferMemory 类用于存储会话上下文中的聊天记录。在调用大模型的过程中，可以使用其 buffer_as_messages 属性获取聊天上下文。因为该类基于内存进行存储，所以需要开发者自行实现持久化存储，如使用 buffer_as_messages 属性或 load_memory_variables({}) 方法获取上下文记录后，自行使用 MySQL 存储、管理聊天记录，如代码清单 4-30 所示。

代码清单 4-30　存储聊天上下文

```
from langchain import LLMChain
from langchain_openai import ChatOpenAI
from langchain.memory import ConversationBufferMemory
from langchain_core.prompts.chat import ChatPromptTemplate
from langchain.prompts import HumanMessagePromptTemplate, 
    SystemMessagePromptTemplate, MessagesPlaceholder


system_message_prompt = SystemMessagePromptTemplate.from_template(template=
    "# 角色 \n你是一个智能助手，名字叫聪聪")
human_message_prompt = HumanMessagePromptTemplate.from_template(template=
    "# 用户问题 \n{input}")
chat_prompt_template = ChatPromptTemplate.from_messages(messages=[
    system_message_prompt,
    MessagesPlaceholder(
        variable_name="chat_history"
    ),
    human_message_prompt,
])

# 创建名为 model 的模型
model = ChatOpenAI(
    model="deepseek-chat",
    temperature=0.5,
    timeout=None,
    max_retries=3,
    api_key="",  # 配置你的 api_key
    base_url="https://api.deepseek.com",
    streaming=False,
)
```

```python
memory = ConversationBufferMemory(memory_key="chat_history", return_messages=True)

# 创建大模型链
chain = LLMChain(
    llm=model,
    prompt=chat_prompt_template,
    memory=memory
)

# 调用链
print("1: ", chain.invoke(input=" 你的名字叫什么？"))
print("2: ", chain.invoke(input=" 你的工作是什么？"))
print("3: ", memory.buffer_as_messages)
print("4: ", memory.load_memory_variables({}))
```

在调用后，invoke方法和memory中上下文的输出内容如下所示。

1: {'input': ' 你的名字叫什么？', 'chat_history': [HumanMessage(content=' 你的名字叫什么？'), AIMessage(content=' 你好！我的名字叫聪聪，很高兴认识你！有什么我可以帮助你的吗？')], 'text': ' 你好！我的名字叫聪聪，很高兴认识你！有什么我可以帮助你的吗？'}

2: {'input': ' 你的工作是什么？', 'chat_history': [HumanMessage(content=' 你的名字叫什么？'), AIMessage(content=' 你好！我的名字叫聪聪，很高兴认识你！有什么我可以帮助你的吗？'), HumanMessage(content=' 你的工作是什么？'), AIMessage(content=' 我的工作是帮助你解答问题、提供信息和建议。无论是学习、生活还是工作中的问题，我都会尽力为你提供帮助。你可以随时向我提问，我会尽我所能为你解答！')], 'text': ' 我的工作是帮助你解答问题、提供信息和建议。无论是学习、生活还是工作中的问题，我都会尽力为你提供帮助。你可以随时向我提问，我会尽我所能为你解答！'}

3: [HumanMessage(content=' 你的名字叫什么？'), AIMessage(content=' 你好！我的名字叫聪聪。很高兴认识你！有什么我可以帮助你的吗？'), HumanMessage(content=' 你的工作是什么？'), AIMessage(content=' 我的工作是帮助你解答问题、提供信息和建议。无论是学习、生活还是工作中的问题，我都会尽力为你提供有用的帮助。如果你有任何问题或需要建议，随时告诉我！')]

4: {'chat_history': [HumanMessage(content=' 你的名字叫什么？'), AIMessage(content=' 你好！我的名字叫聪聪，很高兴认识你！有什么我可以帮助你的吗？'), HumanMessage(content=' 你的工作是什么？'), AIMessage(content=' 我的工作是帮助你解答问题、提供信息和建议。无论是学习、工作还是生活中的问题，我都会尽力为你提供帮助。你可以随时向我提问！')]}

上面是存储上下文的例子，下面看一个修改上下文或者自定义上下文的例子。我们定义的智能助手名称叫"聪聪"，如果在上下文中修改记录，让智能助手自己回复它的名字叫"明明"，就能实现管理效果了，如代码清单4-31所示。

代码清单4-31　管理聊天上下文

```python
from langchain import LLMChain
from langchain_openai import ChatOpenAI
from langchain.memory import ConversationBufferMemory
from langchain_core.prompts.chat import ChatPromptTemplate
from langchain.prompts import HumanMessagePromptTemplate, \
    SystemMessagePromptTemplate, MessagesPlaceholder


system_message_prompt = SystemMessagePromptTemplate.from_template(template=
    "# 角色 \n你是一个智能助手，名字叫聪聪 ")
```

```python
human_message_prompt = HumanMessagePromptTemplate.from_template(template=
    "# 用户问题 \n{input}")
chat_prompt_template = ChatPromptTemplate.from_messages(messages=[
    system_message_prompt,
    MessagesPlaceholder(
        variable_name="chat_history"
    ),
    human_message_prompt,
])

# 创建名为 model 的模型
model = ChatOpenAI(
    model="deepseek-chat",
    temperature=0.5,
    timeout=None,
    max_retries=3,
    api_key="",  # 配置你的 api_key
    base_url="https://api.deepseek.com",
    streaming=False,
)

# 创建 memory
memory = ConversationBufferMemory(memory_key="chat_history", return_messages=True)

# 修改上下文历史，把智能助手的名字从"聪聪"修改为"明明"
memory.save_context(inputs={"input": "你的名字叫什么？"}, outputs={"output": "我的名字叫聪聪"})
memory.save_context(inputs={"input": "现在，你的名字叫明明，你必须记住你的新名字"},
    outputs={"output": "好的，我现在的名字叫明明"})

# 创建大模型链
chain = LLMChain(
    llm=model,
    prompt=chat_prompt_template,
    memory=memory
)

# 调用链
print("1: ", chain.invoke(input="你的名字叫什么？"))
```

在调用后，invoke 方法的输出内容如下所示。

1: {'input': '你的名字叫什么？', 'chat_history': [HumanMessage(content='你的名字叫什么？'), AIMessage(content='我的名字叫聪聪'), HumanMessage(content='现在，你的名字叫明明，你必须记住你的新名字'), AIMessage(content='好的，我现在的名字叫明明'), HumanMessage(content='你的名字叫什么？'), AIMessage(content='我的名字叫明明！有什么可以帮您的吗？')], 'text': '我的名字叫明明！有什么可以帮您的吗？'}

4.6.3 Agent 与工具的调用

LangChain 同样支持使用 Agent 功能。这一技术在最早期的 OpenAI 中称为函数调用

（function call），后面的大模型应用都对这一技术进行了支持。

以 OpenAI 为例，函数调用的原理是聊天接口除了支持 messages 聊天对话外，还引入了 tools 参数。这个参数可以允许大家创建自定义的工具，如代码清单 4-32 所示。

代码清单 4-32　创建自定义的工具

```
tools = [
    {
        "type": "function",                                # 工具类型
        "function": {
            "name": "expand_function",                     # 函数名称
            "description": "将一个数字扩大 2 倍。",           # 函数功能描述
            "parameters": {                                # 函数参数
                "type": "object",
                "properties": {
                    "a": {                                 # 参数名
                        "type": "integer",                 # 参数类型
                        "description": "需要扩大的数字"     # 参数描述
                    }
                },
                "required": ["a"],                         # 该参数为必填项
                "additionalProperties": False
            },
            "strict": True
        }
    }
]
```

当创建完自定义的工具后，调用 OpenAI 大模型并传递此参数。大模型会根据函数的定义内容和释义，在合适的时候选择应该调用的函数和参数并返回。获取到要执行的函数和参数后，在本地程序中执行调用，最后把调用结果传给大模型，让大模型基于结果给出答案。所以，本质上说，大模型只负责选择函数和参数，真正调用函数的是本地程序，这一点非常重要。下面创建 Agent 并调用工具，如代码清单 4-33 所示。

代码清单 4-33　创建 Agent 并调用工具

```
from langchain.tools import BaseTool
from langchain_openai import ChatOpenAI
from langchain.agents import create_tool_calling_agent
from langchain_core.prompts.chat import ChatPromptTemplate
from langchain.agents import create_openai_tools_agent, AgentExecutor
from langchain.prompts import HumanMessagePromptTemplate, SystemMessagePromptTemplate

# 创建名为 model 的模型
model = ChatOpenAI(
    model="deepseek-chat",
    temperature=0.5,
    timeout=None,
    max_retries=3,
```

```python
    api_key="",  # 配置你的 api_key
    base_url="https://api.deepseek.com",
    streaming=False,
)

system_message_prompt = SystemMessagePromptTemplate.from_template(template=
    "# 角色 \n 你是一个智能助手,名字叫聪聪 ")
human_message_prompt = HumanMessagePromptTemplate.from_template(template=
    "# 用户问题 \n{input}\n{agent_scratchpad}")
chat_prompt_template = ChatPromptTemplate.from_messages(messages=[
    system_message_prompt, human_message_prompt,
])


class Expand2(BaseTool):
    name = "expand_function"   # 名字必须符合正则表达式规范
    description = " 将一个数字扩大 2 倍 "

    def _run(self, a: int) -> int:
        print(" 正在使用工具计算:扩大 2 倍 ")
        return a * 2

    def _arun(self, a: int):
        raise NotImplementedError("This tool does not support async")


# 创建工具
tools = [
    Expand2()
]

# 第一种使用方法
# agent = create_openai_tools_agent(llm=model, tools=tools, prompt=chat_
  prompt_template)
# executor = AgentExecutor(agent=agent, tools=tools)

# 第二种使用方法
agent = create_tool_calling_agent(llm=model, tools=tools, prompt=chat_prompt_template)
executor = AgentExecutor(agent=agent, tools=tools)

# 调用链
print("1: ", executor.invoke({"input": " 把数字 3 扩大 2 倍得到几? "}))
```

上述代码的输出内容如下所示。

```
1:  {'input': ' 把数字 3 扩大 2 倍得到几? ', 'output': ' 把数字 3 扩大 2 倍得到的结果是 6。'}
```

至此,Agent 与工具的基础调用已经完成,能够覆盖大部分常见的应用场景。

第5章

后端方案设计与框架构建

本章将重点介绍后端技术方案设计与基础框架的构建。该框架将作为整个项目的核心结构，后续的所有代码开发都将在此框架之上进行，为后续功能的实现奠定坚实的基础。

5.1 技术方案设计

本节内容将围绕项目的实施展开，依次深入探讨项目整体设计、后端数据库设计以及后端流式通信设计这三个关键部分。

5.1.1 项目整体设计

在项目实施之前，需要首先完成项目的整体设计。所有项目相关代码均已统一上传至 GitHub 仓库，其中主项目地址为 https://github.com/WGrape/aisearch，后端第三方库的项目地址为 https://github.com/WGrape/wpylib。项目整体设计主要包括以下内容。

1. 前端项目构建

本书聚焦于后端逻辑的实现，对于前端项目不做深入讲解，具体可通过访问其 GitHub 仓库了解详情。在本书中，笔者基于 Lepton Search 项目进行了二次开发，主要包括修改请求接口逻辑等。

2. 后端第三方库封装

在本书中，笔者已将 LangChain、MySQL、Milvus 等第三方库相关的操作都进行了封装，并上传至 GitHub。同时，为方便读者使用，这些库已打包并发布至 PyPi 官方包管理平台。本书不对第三方库的代码进行深入讲解，具体信息可通过访问相关的 GitHub 仓库了解详情。

3. 后端基础框架选型及构建

对于后端基础框架的选型通常会考虑 Flask 或 FastAPI。其中，FastAPI 基于 ASGI（Asynchronous Server Gateway Interface，异步服务器网关接口）协议，它支持异步处理，在高并发场景下表现出色。然而，对于大多数 AI 应用而言，后端的主要任务包括对接大模型 API、调用数据库等操作，这些任务本质上属于 I/O 密集型，无法充分利用 FastAPI 的异步特性。因此，在不涉及高并发场景的情况下，Flask 的同步模型已经能够很好地满足需求。因此，本项目的后端框架将基于 Flask。

4. 后端业务代码开发

在完成上述后端基础框架的构建后，我们需要开发后端业务代码。这部分主要包括项目的业务功能代码以及 AI 搜索核心逻辑的具体实现。

5.1.2 后端数据库设计

在后端数据库设计中，我们需要先创建一个新的 AI 搜索数据库，把所有相关的数据表都建立在这个数据库中。下面开始进行详细的数据表设计。

1. 网页内容表

AI 搜索过程涉及对大量网页数据的读取。为了提高系统响应速度，我们需要用网页内容表把已读取的网页内容存储下来，如代码清单 5-1 所示。

代码清单 5-1　网页内容表

```
CREATE TABLE `aisearch_crawl`
(
    `id`             BIGINT UNSIGNED NOT NULL AUTO_INCREMENT COMMENT 'ID',
    `doc_id`         VARCHAR(64)    NOT NULL DEFAULT '' COMMENT '网页文档的唯一 ID',
    `hit_count`      INT UNSIGNED NOT NULL DEFAULT '0' COMMENT '命中次数',
    `title`          VARCHAR(4096) NOT NULL DEFAULT '' COMMENT '来源标题',
    `url`            VARCHAR(1024) NOT NULL DEFAULT '' COMMENT '链接',
    `description`    VARCHAR(4096) NOT NULL DEFAULT '' COMMENT '搜索引擎返回的内容描述',
    `icon`           VARCHAR(255)  NOT NULL DEFAULT '' COMMENT '图标',
    `source`         VARCHAR(64)   NOT NULL DEFAULT '' COMMENT '来源',
    `source_name`    VARCHAR(128)  NOT NULL DEFAULT '' COMMENT '来源名称',
    `content`        MEDIUMTEXT    NOT NULL COMMENT '经过清洗处理后的网页内容',
    `deleted`        TINYINT UNSIGNED NOT NULL DEFAULT '0' COMMENT '删除(0:正常;1:删除)',
    `create_time`    DATETIME      NOT NULL DEFAULT CURRENT_TIMESTAMP COMMENT '创建时间',
    `update_time`    DATETIME      NOT NULL DEFAULT CURRENT_TIMESTAMP ON UPDATE CURRENT_TIMESTAMP COMMENT '更新时间',
    PRIMARY KEY (`id`),
    UNIQUE KEY `uk_doc_id` (`doc_id`)
) ENGINE=InnoDB DEFAULT CHARSET=utf8mb4 COLLATE=utf8mb4_0900_ai_ci COMMENT='网页内容表';
```

2. 会话记录表

会话是指用户和 AI 的一次完整交互过程，包括从用户发起问题到 AI 生成最终回复的所有消息记录。用户可以和 AI 展开多个互相独立会话，每个会话都具有独立的聊天上下文，确保会话之间互不干扰。

在会话中，除了记录最关键的用户信息外，还需要为当前会话生成一个标题。标题可以使用用户的第一个查询（query），或者通过会话总结生成。与此同时，还需要记录当前会话所使用的模式。基于此需求，我们设计了会话记录表，如代码清单 5-2 所示。

代码清单 5-2　会话记录表

```sql
CREATE TABLE `aisearch_conversation`
(
    `id`          INT UNSIGNED NOT NULL AUTO_INCREMENT COMMENT 'ID',
    `user_id`     INT UNSIGNED NOT NULL DEFAULT '0' COMMENT '用户ID',
    `query`       VARCHAR(255) NOT NULL DEFAULT '' COMMENT '搜索查询内容',
    `mode`        VARCHAR(64)  NOT NULL DEFAULT 'simple' COMMENT '搜索模式',
    `deleted`     TINYINT UNSIGNED NOT NULL DEFAULT '0' COMMENT '删除(0:正常;1:删除)',
    `create_time` DATETIME     NOT NULL DEFAULT CURRENT_TIMESTAMP COMMENT '创建时间',
    `update_time` DATETIME     NOT NULL DEFAULT CURRENT_TIMESTAMP ON UPDATE CURRENT_TIMESTAMP COMMENT '更新时间',
    PRIMARY KEY (`id`),
    KEY           `idx_user_id` (`user_id`)
) ENGINE=InnoDB DEFAULT CHARSET=utf8mb4 COLLATE=utf8mb4_0900_ai_ci COMMENT='会话记录表';
```

3. 消息记录表

消息是会话中的基本单元，所以消息必须关联到它所在的会话中。注意，虽然用户的提问和 AI 回答表面上是两条独立的消息，但从问答的角度来看，它们实际上构成了一条完整的消息。基于此需求，我们设计了消息记录表，如代码清单 5-3 所示。

代码清单 5-3　消息记录表

```sql
CREATE TABLE `aisearch_conversation_message`
(
    `id`              INT UNSIGNED NOT NULL AUTO_INCREMENT COMMENT 'ID',
    `conversation_id` INT UNSIGNED NOT NULL DEFAULT '0' COMMENT '会话ID',
    `query`           TEXT     NOT NULL COMMENT '查询内容',
    `answer`          TEXT     NOT NULL COMMENT 'AI的回答',
    `deleted`         TINYINT  NOT NULL DEFAULT '0' COMMENT '删除(0:正常;1:删除)',
    `create_time`     DATETIME NOT NULL DEFAULT CURRENT_TIMESTAMP COMMENT '创建时间',
    `update_time`     DATETIME NOT NULL DEFAULT CURRENT_TIMESTAMP ON UPDATE CURRENT_TIMESTAMP COMMENT '更新时间',
    PRIMARY KEY (`id`),
    KEY               `idx_conversation_id` (`conversation_id`)
) ENGINE=InnoDB DEFAULT CHARSET=utf8mb4 COLLATE=utf8mb4_0900_ai_ci COMMENT='消息记录表';
```

4.消息引用表

引用本质上是指在回答中使用了哪些检索到的网页作为参考,因此引用的核心其实就是网页信息。而消息引用表的作用就是存储每条消息与对应的引用网页信息。

因为网页数据已存储在网页内容表中,所以在设计这个消息引用表时有两种存储方式可选。

1)**冗余存储**:直接在消息引用表中存储网页信息。
- 优点:查询简单,类似网页快照,避免源网页更新导致引用内容变更。
- 缺点:数据冗余,占用额外存储空间。

2)**主键关联**:仅存储网页内容表中的主键 ID。
- 优点:避免数据重复存储,节省存储空间。
- 缺点:查询时需进行关联操作,但源网页内容更新,可能导致答案与原引用网页内容不匹配。

考虑源网页内容变更的频率较低,所以这里选择使用主键关联的方式在消息引用表中关联网页内容表。消息引用表如代码清单 5-4 所示。

代码清单 5-4 消息引用表

```
CREATE TABLE `aisearch_conversation_reference`
(
    `id`                  INT UNSIGNED NOT NULL AUTO_INCREMENT COMMENT 'ID',
    `conversation_id`     INT UNSIGNED NOT NULL DEFAULT '0' COMMENT '会话 ID',
    `message_id`          INT UNSIGNED NOT NULL DEFAULT '0' COMMENT '消息 ID',
    `crawl_id`            BIGINT UNSIGNED NOT NULL DEFAULT '0' COMMENT 'aisearch_
        crawl 表的 ID',
    `deleted`             TINYINT UNSIGNED NOT NULL DEFAULT '0' COMMENT '删除 (0:
        正常 ;1: 删除 )',
    `create_time`         DATETIME NOT NULL DEFAULT CURRENT_TIMESTAMP COMMENT '创
        建时间 ',
    `update_time`         DATETIME NOT NULL DEFAULT CURRENT_TIMESTAMP ON UPDATE
        CURRENT_TIMESTAMP COMMENT '更新时间 ',
    PRIMARY KEY (`id`),
    KEY                   `idx_conversation_message_id` (`conversation_
        id`,`message_id`)
) ENGINE=InnoDB DEFAULT CHARSET=utf8mb4 COLLATE=utf8mb4_0900_ai_ci COMMENT=' 消
    息引用表 ';
```

5.1.3 后端流式通信设计

在技术实现中,前后端通信通常采用 HTTP,这是一种请求 – 响应模式的协议,即客户端发起请求,服务器处理后返回响应结果,整个过程是阻塞式的,因此也被称为非流式协议。这种方式虽然适用于大多数 Web 应用,但在实时性要求较高的场景(例如服务端流式返回、服务端主动推送等)下可能会存在一定的局限性。

为了解决这个问题，我们需要使用流式通信协议。这种协议不需要等待所有数据完成才响应，可以在任意时刻进行输出，从而实现更高效的交互。目前，可以实现这种流式通信效果的技术主要有 WebSocket 和 SSE（Server-Sent Event）这两种。

1）WebSocket：基于 TCP，通过消息传递实现全双工通信。因此，它适用于客户端与服务器需要持续交互的场景，如在线聊天、实时游戏等。

2）SSE：基于 HTTP 长连接，仅支持服务器向客户端的单向推送。客户端仍需通过 HTTP 请求与服务器建立连接，之后服务器可以持续向客户端发送数据。SSE 适用于客户端主动请求，服务器被动推送的场景，如实时日志、进度更新等。

在本项目中，为了低成本、高效率地实现服务器数据实时推送，我们选择 SSE 作为主要的流式通信技术。虽然在使用 SSE 技术时，请求参数与请求方式上与普通接口区别不大，但其响应机制发生了显著变化。它从原本的一次性的响应演变为服务器实时推送信息流。因此，在流式接口的设计中，我们的重点在于定义不同的消息类型。

1. ping 类型

在进行流式接口交互时，接口处理过程可能会导致连接暂时处于空闲状态。为了避免因空闲超时而引起的连接中断，建议采用定时发送 ping 消息的方式保持连接活跃。这种方式能够有效维护前后端之间的连接稳定性，确保数据传输的连续性和可靠性。ping 类型的消息返回格式如代码清单 5-5 所示。

代码清单 5-5　ping 类型的消息返回格式

```
{
    "event": "message",
    "data": {
        "type": "ping",
        "name": "",
        "is_show": true,
        "item": {}
    }
}
```

2. 思考结果类型

在调用大模型生成答案前，可以把经过意图识别和规划后产生的思考内容传给前端，以便让用户知道 AI 搜索对问题的思考处理过程。思考结果类型的消息返回格式如代码清单 5-6 所示。

代码清单 5-6　思考结果类型的消息返回格式

```
{
    "event": "message",
    "data": {
        "type": "analyzer_result",
```

```
            "name": "",
            "is_show": true,
            "item": {
                "content": " 正在意图识别与规划中，生成的规划如下：嗯，你想要评价鲁迅。考虑到
                    鲁迅是中国近代极具影响力的人物，评价需从多方面展开。首先，我会联网搜索并输
                    出鲁迅的生平经历，这是理解他思想和作品的基础。接着，联网搜索并输出他在文
                    学创作方面的成就，包括小说、杂文等。然后，联网搜索并输出他在思想启蒙方面的
                    贡献，如对国民性的思考等。之后，联网搜索并输出不同学者、评论家对鲁迅的评价。
                    最后，总结这些信息，给出一个全面的评价。"
            }
        }
    }
```

3. 准备生成类型

在即将调用大模型生成结果之前，系统会先发送一个准备生成的消息，类似通知答案生成已处于就绪的状态，方便前后端后续做相关处理。准备生成类型的消息返回格式如代码清单5-7所示。

代码清单5-7　准备生成类型的消息返回格式

```
{
    "event": "message",
    "data": {
        "type": "ready_generation",
        "name": "",
        "is_show": true,
        "item": {}
    }
}
```

4. 生成类型

在调用大模型生成答案后，因为使用的是流式调用，所以每当接收到大模型返回的一部分答案内容后，就会使用生成类型这个消息结构，把答案发给前端，然后前端拼接这些内容并进行渲染。生成类型的消息返回格式如代码清单5-8所示。

代码清单5-8　生成类型的消息返回格式

```
{
    "event": "message",
    "data": {
        "type": "generation",
        "name": "",
        "is_show": true,
        "item": {
            "content": "方面"
        }
    }
}
```

5. 消息结束类型

当 AI 搜索问答整个流程结束后，服务端会发送一个消息结束类型的消息，标志着本轮流式请求响应已经结束，同时可能会附加相应的数据，以便前端处理。消息结束类型的消息返回格式如代码清单 5-9 所示。

代码清单 5-9　消息结束类型的消息返回格式

```
{
    "event": "message_end",
    "data": {
        "code": 200,
        "conversation_id": 23,
        "message_id": 2,
        "mode": "professional"
    }
}
```

5.2　构建后端基础框架

本节将主要使用 Flask 构建后端基础框架，并设计一个符合项目需求的目录结构，随后开发各目录下的相关文件代码，接下来将重点讲解项目入口文件和初始化启动模块的开发过程。其他目录下的代码不再展开介绍，完整代码内容可在 GitHub 仓库中查看。

5.2.1　划分后端目录结构

我们将整个项目的顶层结构设计为 6 个主要的独立目录，分别为 config（配置）目录、deploy（部署）目录、knowledge（本地知识库工程）目录、scripts（脚本）目录、test（测试）目录和 src（源码）目录。通过这种目录划分，可以有效地将源代码与配置文件、部署文件、脚本文件等进行分离，方便不同模块的管理与维护。

下面重点介绍一下 src 目录。在 src 目录下，根据不同的职责和功能需求，又进一步细分为以下的 7 个子目录。

1）/src/api 目录：该目录为接口管理目录，主要包括定义和注册各类接口，同时定义处理 HTTP 请求（例如用户身份验证、日志记录等）的中间件，确保客户端请求能够准确地转发至对应的控制器进行处理。

2）/src/controller 目录：该目录为控制器目录，主要负责实现客户端请求处理，调用 Service 逻辑层完成具体的业务逻辑，并生成相应的 HTTP 响应结果返回给客户端。

3）/src/core 目录：该目录为 AI 搜索的核心架构目录，主要负责实现 AI 搜索的各个核心模块，例如实体模块、分析器模块、检索器模块、过滤器模块、生成器模块等。

4）/src/dao 目录：该目录为业务数据库操作目录，主要负责实现与数据库相关的基本读写操作，包括会话业务操作、消息业务操作以及引用操作等。

5）/src/init 目录：该目录主要负责实现项目启动时的初始化，确保应用在运行前正确配置并准备好所需的运行环境。该目录的功能包括命令行参数解析、本地文件系统准备、配置加载等。通过集中管理这些初始化操作，该目录将所有启动时的准备工作统一整合到一个入口，从而提升项目的启动效率和维护性。

6）/src/service 目录：该目录为业务逻辑目录，主要负责实现核心的 AI 搜索业务逻辑，以及答案缓存与预测的业务逻辑，为系统功能的具体实现提供支持。

7）/src/work 目录：该目录为 AI 搜索的运行方式目录，主要负责实现 AI 搜索的核心架构的运行。目前，AI 搜索采用的运行方式是使用调度器实现自动运行，但可扩展为包括 Agent 在内的多种运行方式，以提高灵活性和可扩展性。

5.2.2　开发项目入口文件

本节将开发具体项目的入口文件。入口文件是整个项目的唯一启动入口，负责初始化应用环境并启动后端服务。它的功能包括将必要模块加载到系统路径、调用服务初始化模块，以确保各模块正常运行、注册并加载路由，从而最终启动服务。作为项目的核心启动点，入口文件在确保应用环境正常和模块协作方面起到了关键作用。因此，我们需要在项目根目录下创建一个名为 main.py 文件，作为项目的入口文件，如代码清单 5-10 所示。

代码清单 5-10　项目入口文件

```
"""
@File: main.py
@Date: 2024/12/10 10:00
"""
# 1. 把目录添加到系统路径中，防止 Python 程序找不到模块
import os
import sys

src_path = os.path.dirname(os.path.abspath(__file__))
root_path = os.path.dirname(src_path)
for path in [src_path, root_path]:
    if path not in sys.path:
        sys.path.append(path)
print(f"sys.path: {sys.path}")

# 2. 引入服务初始化模块
from src.init.init import init_once
import traceback

try:
    init_once()
except Exception as e:
    print(traceback.format_exc())
    print(f"init_once exception: {e!r}")
    sys.exit(1)
```

```
# 3. 服务开始启动
from wpylib.util.encry import gen_random_md5
from src.init.init import global_instance_localcache

log_id = gen_random_md5()
global_instance_localcache.set_log_id(log_id)

# 4. 注册路由
from src.api.register import register as register_api

register_api()

# 5. 获取全局的 Flask 应用实例
# 如果使用 UWSGI 部署的方式，该 App 实例会被自动加载，并用于处理 HTTP 请求
# 如果使用本地启动的方式，该 App 实例会用于后续的路由注册和运行
from src.init.init import global_instance_flask

app = global_instance_flask.get_instance_app()

# 6. 本地启动
# 注意：如果在服务器上运行，则需要注释掉这行代码，并使用 UWSGI 部署
app.run(host="0.0.0.0", port="8100")
```

以上就是项目入口文件的全部内容。假设项目根目录为 ~/aisearch，我们只需要在控制器中使用 python /src/main.py --dir=~/aisearch --env=dev 命令即可运行项目。该命令会指定项目根目录并加载开发环境的相关配置，从而启动后端服务。

5.2.3　开发服务初始化模块

在服务初始化模块中，我们需要确保配置文件加载和实例对象初始化已经完成，以保证服务的正常运行。该模块的核心功能包括初始化系统参数、初始化文件系统、加载系统配置以及初始化实例对象等。因此，我们将在 src/init/init.py 文件中开发服务初始化模块，如代码清单 5-11 所示。

代码清单 5-11　服务初始化模块

```
"""
@File: init.py
@Date: 2024/12/10 10:00
@Desc: 服务初始化模块
"""
from wpylib.util.cmd import args_to_dict
from wpylib.util.x.xtyping import is_not_none
from wpylib.pkg.singleton.flask.flask import Flask
from wpylib.pkg.singleton.mysql.mysql import Mysql
from wpylib.pkg.singleton.logger.logger import Logger
from wpylib.pkg.singleton.milvus.milvus import Milvus
from wpylib.pkg.singleton.loader.web_loader import WebLoader
```

```python
from wpylib.pkg.singleton.localcache.localcache import Localcache
from wpylib.util.storage import is_file_exist, is_directory_exist, create_directory
import yaml
import sys
import os

# 命令行参数
ARGV_INDEX_FILE: int = 0
ARGV_INDEX_ENV: int = 1
ARGV_INDEX_MODE: int = 2
ARGV_INDEX_MODE_ENTRY: int = 3

# 当前环境
ENV_DEV: str = "dev"
ENV_TEST: str = "test"
ENV_PROD: str = "prod"

# 第1次初始化：init_sysarg()
global_main_file: str = ""
global_env: str = ""
global_sys_arg_dict = {}

# 第2次初始：init_file_system()
global_base_dir: str = ""

# 第3次初始：init_config()
global_config: dict = {}

# 第4次初始化：init_instance()
global_instance_flask: Flask
global_instance_mysql: Mysql
global_instance_logger: Logger
global_instance_milvus: Milvus
global_instance_webLoader: WebLoader
global_instance_localcache: Localcache


def init_sysarg():
    """
    初始化系统参数
    """
    global global_main_file
    global global_env
    global global_sys_arg_dict

    # (1) 系统命令行参数
    global_main_file = sys.argv[ARGV_INDEX_FILE]
    global_sys_arg_dict = args_to_dict()

    # (2) 解析命令行的几个常用参数
    for arg in ["env"]:
```

```python
            # 依次检查不同的参数
            if arg == "env" and arg in global_sys_arg_dict:
                # --env=test
                global_env = global_sys_arg_dict[arg]
                if global_env not in [ENV_DEV, ENV_TEST, ENV_PROD]:
                    print(f"sysarg env error: {global_env}")
                    sys.exit(1)
    if is_not_none(os.getenv("APP_ENV")):
        global_env = os.getenv("APP_ENV")


def init_file_system():
    """
    初始化本地文件系统
    """
    # 定义需要初始化的全局变量
    global global_base_dir
    global_base_dir = os.path.abspath(os.path.join(global_main_file, "../../"))
    if "dir" in global_sys_arg_dict:
        # 为防止当有意外情况导致无法获取到本项目目录,我们提供了一个备用的方案,即通过命令行
        参数 --dir 来手动设置当前的目录
        global_base_dir = global_sys_arg_dict["dir"]
    if is_not_none(os.getenv("APP_BASE_DIR")):
        global_base_dir = os.getenv("APP_BASE_DIR")

    directory_list = [
        f"{global_base_dir}/logs",
        f"{global_base_dir}/storage",
    ]
    for directory in directory_list:
        if not is_directory_exist(directory):
            create_directory(directory)


def init_config():
    """
    初始化配置
    """
    global global_config  # 框架的系统级别配置

    # 判断配置文件是否存在
    config_file = f"{global_base_dir}/config/{global_env}/config.yml"
    if not is_file_exist(config_file):
        print(f"config file {config_file} not exists")
        sys.exit(1)

    # 配置解析,解析 /config/config.yml 配置文件
    with open(config_file, "r", encoding="utf-8") as stream:
        global_config = yaml.safe_load(stream)
```

```
def init_instance():
    """
    初始化实例
    :return:
    """
    global global_config
    global global_instance_flask
    global global_instance_mysql
    global global_instance_logger
    global global_instance_milvus
    global global_instance_webLoader
    global global_instance_localcache

    global_instance_flask = Flask(app_name="flask")
    global_instance_mysql = Mysql(mysql_config=global_config["database"])
    global_instance_logger = Logger(
        logger_config=global_config["logger"], global_config=global_config
    )
    global_instance_milvus = Milvus(
        milvus_config=global_config["milvus"],
        model_config=global_config["model"]["provider"]["nomic"]
    )
    global_instance_webLoader = WebLoader()
    global_instance_localcache = Localcache()


def init_once():
    """
    初始化唯一入口
    """
    # 初始化系统参数 [必须]
    init_sysarg()

    # 初始化文件系统 [必须]
    init_file_system()

    # 初始化系统配置 [必须]
    init_config()

    # 初始化实例对象 [必须]
    init_instance()
```

以上就是服务初始化模块的全部内容。在 main.py 文件中，我们通过引入此模块并调用 init_once() 方法来完成服务的初始化工作，确保应用环境和实例对象的正确配置，从而为后端服务的正常运行奠定基础。

第6章

构建 AI 搜索的核心架构

本章将正式展开 AI 搜索核心逻辑的实现，也就是 AI 搜索的核心架构，重点完成从用户提问到生成答案的整个流程。在项目的 src/core 目录下，我们将依次实现各个关键的组成模块：实体模块、分析器模块、检索器模块、生成器模块与过滤器模块。

6.1 实体模块

在不同模块之间进行通信时，为了规范和统一各模块的输入/输出，我们需要在 core 目录下新建一个 entity 目录。该目录用于定义一套标准的数据结构，为各功能组件提供统一的输入/输出格式。它主要存储 AI 搜索核心流程中使用的实体模型，例如规划结果、调度结果、搜索结果等。这种设计能够使系统架构更加清晰，同时提升模块间的协作效率。

6.1.1 创建参数实体

检索器与生成器都是核心模块中的关键组件。其中，检索器负责从多个数据源（如必应搜索引擎和向量存储引擎）中检索相关数据，生成器负责调用大模型生成结果。它们都需要不同的参数。无论是检索器，还是生成器，为了统一管理不同的参数，提高它们之间的通用性与扩展性，我们可以创建参数类实体。

1. 检索器参数实体

在 entity/param/retriever_param.py 文件中，我们定义了一套通用的检索器参数（即检索器参数实体），以适用于各种检索器，确保检索逻辑的灵活性和一致性。检索器参数实体的定义如代码清单 6-1 所示。

代码清单 6-1　检索器参数实体的定义

```
"""
@File: retriever_param.py
@Date: 2024/12/10 10:00
@Desc: 检索器参数
"""


class RetrieverParam:
    """
    检索器参数
    """
    _query: str = ""
    _count: int = 0
    _min_score: float = 0.0
    _start_index: int = 0

    def __init__(self, query: str, count: int = 5, min_score: float = 0.0,
                 start_index: int = 0):
        self._query = query
        self._count = count
        self._min_score = min_score
        self._start_index = start_index

    def get_query(self) -> str:
        """
        获取查询内容
        :return:
        """
        return self._query

    def get_count(self) -> int:
        """
        获取数量
        :return:
        """
        return self._count
    def get_min_score(self) -> float:
        """
        获取最小分数
        :return:
        """
        return self._min_score

    def get_start_index(self) -> int:
        """
        获取开始下标
        :return:
        """
        return self._start_index
```

2. 生成器参数实体

在 entity/param/generator_param.py 文件中，我们定义了一套通用的调用大模型时的参数（即生成器参数实体），以适用于各种生成器，确保调用大模型的灵活性和一致性，提高适配能力。生成器参数实体的定义如代码清单 6-2 所示。

代码清单 6-2　生成器参数实体的定义

```python
"""
@File: generator_param.py
@Date: 2024/12/10 10:00
@Desc: 生成器参数
"""
from src.core.entity.strategy.strategy import Strategy


class GeneratorParam:
    """
    生成器参数
    """
    _query: str
    _query_rewriting: dict
    _query_domain: dict
    _strategy: Strategy
    _user_prompt: str

    _param_type: str = ""

    def __init__(
            self,
            query: str,
            query_rewriting: dict,
            query_domain: dict,
            strategy: Strategy,
            user_prompt: str,
            param_type: str = ""
    ):
        self._query = query
        self._query_rewriting = query_rewriting
        self._query_domain = query_domain
        self._strategy = strategy
        self._user_prompt = user_prompt

        self._param_type = param_type

    def get_query(self) -> str:
        """
        返回 query
        :return:
        """
        return self._query
```

```
    def get_query_rewriting(self) -> dict:
        """
        返回query_rewriting
        :return:
        """
        return self._query_rewriting

    def get_query_domain(self) -> dict:
        """
        返回query_domain
        :return:
        """
        return self._query_domain

    def get_strategy(self) -> Strategy:
        """
        返回strategy
        :return:
        """
        return self._strategy

    def get_user_prompt(self) -> str:
        """
        返回user_prompt
        :return:
        """
        return self._user_prompt

    def get_param_type(self) -> str:
        """
        返回参数类型
        :return:
        """
        return self._param_type
```

6.1.2 创建策略实体

在 entity/strategy/strategy.py 文件中，我们定义了一套角色与答案模板（即策略实体），实现答案内容的优化。该技术主要对回答信息进行了细致拆分，比如 AI 助手的角色设定（如普通 AI 助手或领域专家）以及回答风格（如简洁直观或深入分析）等。通过这种策略化的设计，可以灵活调整回答方式，以适应上层业务中的不同问答模式。创建策略实体的代码如代码清单 6-3 所示。

代码清单 6-3 创建策略实体

```
"""
@File: strategy.py
@Date: 2024/12/10 10:00
"""
```

```python
STRATEGY_MAP = {
    "role": {
        "simple": "你是一个简洁直观的AI助手",
        "professional": "你是一个专业领域内的专家",
    },
    "emotion": {
        "simple": "保持正面、积极、乐观的情绪和态度",
        "professional": "保持严谨、专业、客观的表达方式",
    },
    "answer_style": {
        "simple": "用简洁直接的方式回答问题,不做过多扩展,确保核心信息清晰易懂。",
        "professional": "回答需要具备专业性,引用权威资料,并进行深入分析,做到逻辑清晰、结构完整,适合专业人士阅读。",
    },
}
ROLE_SIMPLE: str = "role.simple"
EMOTION_SIMPLE: str = "emotion.simple"
ANSWER_STYLE_SIMPLE: str = "answer_style.simple"

ROLE_PROFESSIONAL: str = "role.professional"
EMOTION_PROFESSIONAL: str = "emotion.professional"
ANSWER_STYLE_PROFESSIONAL: str = "answer_style.professional"


class Strategy:
    """
    生成策略:generator在回答时应该使用的策略
    """
    _role: str = ROLE_SIMPLE
    _emotion: str = EMOTION_SIMPLE
    _answer_style: str = ANSWER_STYLE_SIMPLE

    def __init__(
            self,
            role: str = ROLE_SIMPLE,
            emotion: str = EMOTION_SIMPLE,
            answer_style: str = ANSWER_STYLE_SIMPLE,
    ):
        self._role = role
        self._emotion = emotion
        self._answer_style = answer_style

    def get_role(self) -> str:
        """
        获取角色role
        :return:
        """
        return self._role

    def get_emotion(self) -> str:
        """
```

```
        获取情感 emotion
        :return:
        """
        return self._emotion

    def get_answer_style(self) -> str:
        """
        获取回答风格 _answer_style
        :return:
        """
        return self._answer_style
```

6.1.3 创建规划实体

为了更好地表示意图识别与规划阶段的输出结果，可以在 entity/plan/plan.py 文件中创建规划实体，如代码清单 6-4 所示。

代码清单 6-4　创建规划实体

```
"""
@File: plan.py
@Date: 2024/12/10 10:00
@Desc: 规划类
"""
from src.core.entity.strategy.strategy import Strategy


class Plan:
    """
    规划
    """
    _query: str = ""
    _query_rewriting: dict
    _query_domain: dict
    _strategy: Strategy
    _user_prompt: str = ""

    _intention: str
    _action_list: list[dict]

    def __init__(
            self,
            # 通用型参数
            query: str,
            query_rewriting: dict,
            query_domain: dict,
            strategy: Strategy,
            user_prompt: str,
            intention: str,
```

```python
            action_list: list[dict],
    ):
        self._query = query
        self._query_rewriting = query_rewriting
        self._query_domain = query_domain
        self._strategy = strategy
        self._user_prompt = user_prompt

        self._intention = intention
        self._action_list = action_list

    def get_query(self) -> str:
        """
        获取 query
        :return:
        """
        return self._query

    def get_query_rewriting(self) -> dict:
        """
        获取 query_rewriting
        :return:
        """
        return self._query_rewriting

    def get_query_domain(self) -> dict:
        """
        获取 query_domain
        :return:
        """
        return self._query_domain

    def get_strategy(self) -> Strategy:
        """
        获取 strategy
        :return:
        """
        return self._strategy

    def get_user_prompt(self) -> str:
        """
        获取 user_prompt
        :return:
        """
        return self._user_prompt

    def get_intention(self) -> str:
        """
        获取 intention
        :return:
        """
```

```
            return self._intention

    def get_action_list(self) -> list[dict]:
        """
        获取 action_list
        :return:
        """
        return self._action_list
```

6.1.4 创建调度结果实体

为了统一管理搜索流程中的关键输出，所以，在 entity/schedule_result/schedule_result.py 文件中需要创建调度器结果实体，如代码清单 6-5 所示。

代码清单 6-5　创建调度器结果实体

```
"""
@File: schedule_result.py
@Date: 2024/12/10 10:00
@Desc: 调度结果类
"""
from src.core.entity.plan.plan import Plan
from src.core.entity.search_result.outcome import Outcome
from src.core.entity.search_result.result_set import ResultSet


class ScheduleResult:
    """
    调度结果
    """
    # 结果相关
    _plan: Plan                                    # 规划：分析阶段的产物
    _result_set: ResultSet                         # 数据集：检索阶段的产物
    _outcome: Outcome                              # 结果：生成阶段的产物

    _result_set_list: list[ResultSet] = []         # 结果集列表：多个结果集组成的列表
    _outcome_list: list[Outcome] = []              # 结果列表：多个生成阶段的产物

    def __init__(
            self,
            plan: Plan,
            result_set: ResultSet,
            outcome: Outcome
    ):
        self._plan = plan
        self._result_set = result_set
        self._outcome = outcome
```

```python
    def get_plan(self) -> Plan:
        """
        获取plan
        :return:
        """
        return self._plan

    def get_result_set(self) -> ResultSet:
        """
        获取搜索结果集
        :return:
        """
        return self._result_set

    def get_outcome(self) -> Outcome:
        """
        获取总结结果
        :return:
        """
        return self._outcome

    def get_result_set_list(self) -> list[ResultSet]:
        """
        获取结果集列表
        :return:
        """
        return self._result_set_list

    def get_outcome_list(self) -> list[Outcome]:
        """
        获取结果列表
        :return:
        """
        return self._outcome_list
```

6.1.5 创建搜索结果实体

我们在 entity/search_result/search_result.py 文件中定义了搜索结果实体，主要包括规划、结果集与生成结果。

- 规划：经过意图分析与规划后生成的结构化执行计划，通常称为"规划"。
- 结果集：由检索器根据查询规划返回的原始检索结果。
- 生成结果：基于检索结果调用大模型后生成的最终输出。

1. 结果集条目实体的基类

因为结果集可能包括联网搜索的结果，也包括本地知识库检索的结果，所以我们可以在 entity/search_result/result_set_item/result_set_item.py 文件中定义结果集条目实体的基类，如代码清单6-6所示。该类的主要属性包括条目类型（表示条目的具体类别）和用于重排序的分数（用于调整结果集中不同条目间的顺序）。通过这种设计，我们能够灵活地管理搜索结果中的各个条目。

代码清单6-6　结果集条目实体的基类

```python
"""
@File: result_set_item.py
@Date: 2024/12/10 10:00
@Desc: 结果集中的条目
"""


class ResultSetItem:
    """
    结果集中的每个项
    """
    _item_type: str = ""
    _score: float = 0.0

    def __init__(self, item_type: str, score: float = 0.0):
        self._item_type = item_type
        self._score = score

    def add_score(self, increment: float) -> float:
        """
        增加权重值
        :param increment:
        :return:
        """
        self._score += increment
        return self._score

    def get_item_type(self) -> str:
        """
        获取item_type
        :return:
        """
        return self._item_type

    def get_score(self) -> float:
        """
        获取分数
        :return:
        """
        return self._score
```

2. 网络文档条目实体

我们在result_set_item/web_document.py文件中定义了网络文档条目实体，如代码清单6-7

所示。该实体用于表示搜索结果中的文档信息，主要包括文档的基本内容、来源及其他相关元数据。

代码清单 6-7　网络文档条目实体

```python
"""
@File: web_document.py
@Date: 2024/12/10 10:00
@Desc: 结果集中的网页文档类型条目
"""
from src.core.entity.search_result.result_set_item.result_set_item import (
    ResultSetItem
)

RESULT_SET_ITEM_TYPE_WEB_DOCUMENT = "web_document"


class WebDocument(ResultSetItem):
    """
    Web 资源文档
    """
    _doc_index: int = 0
    _doc_id: str = ""
    _title: str = ""
    _description: str = ""
    _icon: str = ""
    _url: str = ""
    _source: str = ""
    _source_name: str = ""
    _content: str = ""
    _hit_count: int = 0

    def __init__(
            self,
            doc_index: int,
            doc_id: str,
            title: str,
            description: str,
            icon: str = "",
            url: str = "",
            source: str = "",
            source_name: str = "",
            content: str = "",
            hit_count: int = 0,
            score: float = 0.0  # score是在内存中使用的排序字段
    ):
        super().__init__(item_type=RESULT_SET_ITEM_TYPE_WEB_DOCUMENT, score=score)
        self._doc_index = doc_index
        self._doc_id = doc_id
        self._title = title
        self._description = description
```

```python
        self._icon = icon
        self._url = url
        self._source = source
        self._source_name = source_name
        self._content = content
        self._hit_count = hit_count

    def get_doc_index(self) -> int:
        """
        获取文档下标
        :return:
        """
        return self._doc_index

    def update_doc_index(self, doc_index: int):
        """
        更新文档的下标，从 1 开始
        :param doc_index: 文档在结果集中的下标
        :return:
        """
        self._doc_index = doc_index

    def get_doc_id(self) -> str:
        """
        获取文档 ID
        :return:
        """
        return self._doc_id

    def get_title(self) -> str:
        """
        获取标题
        :return:
        """
        return self._title

    def update_title(self, title: str):
        """
        更新标题
        :param title: 网页标题
        :return:
        """
        self._title = title

    def get_description(self) -> str:
        """
        获取描述
        :return:
        """
        return self._description
```

```python
    def update_description(self, description: str):
        """
        更新描述
        :param description: 网页的简介 / 描述
        :return:
        """
        self._description = description

    def get_icon(self) -> str:
        """
        获取图标
        :return:
        """
        return self._icon

    def get_url(self) -> str:
        """
        获取链接
        :return:
        """
        return self._url

    def get_source(self) -> str:
        """
        获取来源
        :return:
        """
        return self._source

    def get_source_name(self) -> str:
        """
        获取来源名称
        :return:
        """
        return self._source_name

    def get_content(self) -> str:
        """
        获取内容
        :return:
        """
        return self._content

    def update_content(self, content: str):
        """
        更新内容
        :param content: 文档内容
        :return:
        """
        self._content = content
```

```python
    def get_hit_count(self) -> int:
        """
        获取命中数量
        :return:
        """
        return self._hit_count

    def update_hit_count(self, hit_count: int):
        """
        更新文档的命中数量
        :param hit_count: 命中次数
        :return:
        """
        self._hit_count = hit_count

    def select_as_citation(self) -> str:
        """
        选择合适的内容作为引文
        :return:
        """
        if len(self.get_content().replace("\n", "").replace(" ", "")) < len(
            (self.get_description())):
            return self.get_description()[:1000]

        return self.get_content()[:1000]
```

3. 知识文档条目实体

我们在 result_set_item/knowledge_document.py 文件中定义了知识文档条目实体（见代码清单6-8），用于表示与知识库搜索结果相关的文档内容。

代码清单 6-8　知识文档条目实体

```python
"""
@File: knowledge_document.py
@Date: 2024/12/10 10:00
@Desc: 结果集中的知识文档类型条目
"""
from src.core.app.entity.search_result.result_set_item.result_set_item import \
    ResultSetItem

RESULT_SET_ITEM_TYPE_KNOWLEDGE_DOCUMENT = "knowledge_document"


class KnowledgeDocument(ResultSetItem):
    """
    知识文档
    """
    _key: str = ""
    _value: str = ""
```

```python
    def __init__(self, key: str, value: str, score: float = 0.0):
        """
        初始化
        :param key:
        :param value:
        :param score:
        """
        super().__init__(item_type=RESULT_SET_ITEM_TYPE_KNOWLEDGE_DOCUMENT,
            score=score)
        self._key = key
        self._value = value

    def get_key(self) -> str:
        """
        获取 key
        :return:
        """
        return self._key

    def get_value(self) -> str:
        """
        获取 value
        :return:
        """
        return self._value
```

4. 结果集实体

我们在 entity/search_result/result_set.py 文件中定义了结果集实体，主要包含网页文档列表和知识文档列表，用于表示检索阶段中获取的原始数据内容。结果集实体如代码清单 6-9 所示。

代码清单 6-9　结果集实体

```python
"""
@File: result_set.py
@Date: 2024/12/10 10:00
@Desc: 结果集实体
"""
from wpylib.util.encry import sha1
from wpylib.util.x.xtyping import is_not_none
from src.core.entity.search_result.result_set_item.web_document import WebDocument
from src.core.entity.search_result.result_set_item.knowledge_document import KnowledgeDocument


class ResultSet:
    """
    结果集对象
    """
```

```python
    # 输入
    _web_document_list: list[WebDocument] = []
    _knowledge_document_list: list[KnowledgeDocument] = []
    _crawl_id_list: list[int] = []
    _extra_data: dict = {}

    # 输出
    _reference_list: list[dict] = []

    @staticmethod
    def combine(result_set_list: list['ResultSet']) -> 'ResultSet':
        """
        合并
        :param result_set_list: 结果集列表
        :return:
        """
        combine_extra_data: dict = {}
        combine_crawl_id_list: list[int] = []
        combine_web_document_list: list[WebDocument] = []
        combine_knowledge_document_list: list[KnowledgeDocument] = []
        for temp_result_set in result_set_list:
            combine_extra_data.update(temp_result_set.get_extra_data())
            combine_crawl_id_list.extend(temp_result_set.get_crawl_id_list())
            combine_web_document_list.extend(temp_result_set.get_web_document_list())
            combine_knowledge_document_list.extend(temp_result_set.get_
                knowledge_document_list())

        combine_result_set = ResultSet()
        combine_result_set.reset(
            web_document_list=combine_web_document_list,
            knowledge_document_list=combine_knowledge_document_list,
            crawl_id_list=combine_crawl_id_list,
            extra_data=combine_extra_data,
        )
        return combine_result_set
    def combine(result_set_list: list['ResultSet']) -> 'ResultSet':
        """
        合并
        :param result_set_list: 结果集列表
        :return:
        """
        combine_extra_data: dict = {}
        combine_crawl_id_list: list[int] = []
        combine_web_document_list: list[WebDocument] = []
        for temp_result_set in result_set_list:
            combine_extra_data.update(temp_result_set.get_extra_data())
            combine_crawl_id_list.extend(temp_result_set.get_crawl_id_list())
            combine_web_document_list.extend(temp_result_set.get_web_document_list())

        combine_result_set = ResultSet()
        combine_result_set.reset(
```

```python
            web_document_list=combine_web_document_list,
            crawl_id_list=combine_crawl_id_list,
            extra_data=combine_extra_data,
        )
        return combine_result_set

    def reset(
        self,
        web_document_list: list[WebDocument] = None,
        knowledge_document_list: list[KnowledgeDocument] = None,
        crawl_id_list: list[int] = None,
        extra_data: dict = None
    ):
        """
        重置 result_set
        :param: web_document_list: Web 文档列表
        :param: knowledge_document_list: 知识文档列表
        :param: crawl_id_list: crawl_id 列表
        :param: extra_data: 额外数据
        :return:
        """
        if is_not_none(web_document_list):
            for index, v in enumerate(web_document_list):
                web_document_list[index].update_doc_index(index + 1)

            self._web_document_list = web_document_list
            self._web_document_list = sorted(self._web_document_list,
                key=lambda doc: doc.get_score(), reverse=True)

            # 一定要重置数据，否则在执行 reset 操作的时候数据会被多次追加
            self._reference_list = []
            for web_document in self._web_document_list:
                self._reference_list.append({
                    "doc_index": web_document.get_doc_index(),
                    "doc_id": sha1(web_document.get_url()),
                    "title": web_document.get_title(),
                    "url": web_document.get_url(),
                })

        if is_not_none(knowledge_document_list):
            self._knowledge_document_list = knowledge_document_list
        if is_not_none(crawl_id_list):
            self._crawl_id_list = crawl_id_list
        if is_not_none(extra_data):
            self._extra_data = extra_data

    def get_web_document_list(self) -> list[WebDocument]:
        """
        获取网页文档结果集：自动按照 score 排序
        :return:
        """
```

```python
        return self._web_document_list

    def get_knowledge_document_list(self) -> list[KnowledgeDocument]:
        """
        获取知识库文档结果集
        :return:
        """
        return self._knowledge_document_list

    def get_reference_list(self) -> list[dict]:
        """
        获取引用列表
        :return:
        """
        return self._reference_list

    def get_crawl_id_list(self) -> list[int]:
        """
        获取crawl_id列表
        :return:
        """
        return self._crawl_id_list

    def get_extra_data(self) -> dict:
        """
        获取extra_data
        :return:
        """
        return self._extra_data
```

5. 答案内容实体的基类

为了实现对大模型生成结果的统一建模与处理，我们在 entity/search_result/outcome.py 文件中定义了一个通用的即答案内容实体的基类，如代码清单 6-10 所示。该基类主要包括生成内容和内容类型这两个属性。

代码清单 6-10　答案内容实体的基类

```
"""
@File: outcome.py
@Date: 2024/12/10 10:00
@Desc: 答案内容实体的基类
"""
OUTCOME_TYPE_MARKDOWN = "markdown"
OUTCOME_TYPE_MINDMAP = "mindmap"


class Outcome:
    """
    通用返回结果内容
```

```python
    """
    _content: str
    _content_type: str

    def __init__(self, content: str, content_type: str = OUTCOME_TYPE_MARKDOWN):
        self._content = content
        self._content_type = content_type

    @staticmethod
    def combine(outcome_list: list['Outcome'], join_char: str = "\n") -> 'Outcome':
        """
        合并 outcome
        :param outcome_list: outcome 结果内容列表
        :param join_char: 连接符
        :return:
        """
        content_list: list[str] = []
        for temp_outcome in outcome_list:
            content_list.append(temp_outcome.get_content())

        return Outcome(content=join_char.join(content_list))

    def get_content(self) -> str:
        """
        获取内容
        :return:
        """
        return self._content

    def get_content_type(self) -> str:
        """
        获取 content_type
        :return:
        """
        return self._content_type
```

6. Markdown 格式的答案内容实体

大模型中最常用的返回结果是 Markdown 格式，它也是 AI 搜索在返回答案时最常用的一种格式。因此，我们在 search_result/markdown_outcome.py 文件中创建了 Markdown 格式的答案内容实体，如代码清单 6-11 所示。

代码清单 6-11　Markdown 格式的答案内容实体

```python
"""
@File: markdown_outcome.py
@Date: 2024/12/10 10:00
@Desc: 结果的 Markdown 格式
"""
from src.core.entity.search_result.outcome import Outcome, OUTCOME_TYPE_MARKDOWN
```

```python
class MarkdownOutcome(Outcome):
    """
    Markdown 格式的结果
    """

    def __init__(self, content: str):
        super().__init__(content=content, content_type=OUTCOME_TYPE_MARKDOWN)
```

7. 搜索结果实体

为了将规划、结果集以及大模型生成的结果整合在一起，我们在 entity/search_result/search_result.py 文件中定义了搜索结果实体，如代码清单 6-12 所示。这一设计确保了搜索过程中各个环节的输出能够统一管理，便于后续的处理和展示。

代码清单 6-12　搜索结果实体

```python
"""
@File: search_result.py
@Date: 2024/12/10 10:00
@Desc: 搜索结果实体
"""
from src.core.entity.plan.plan import Plan
from src.core.entity.search_result.outcome import Outcome
from src.core.entity.search_result.result_set import ResultSet


class SearchResult:
    """
    搜索结果
    """
    # 结果相关
    _plan: Plan                    # 规划：分析阶段的产物
    _result_set: ResultSet         # 数据集：检索阶段的产物
    _outcome: Outcome              # 结果：生成阶段的产物

    def __init__(
            self,
            plan: Plan,
            result_set: ResultSet,
            outcome: Outcome,
    ):
        self._plan = plan
        self._result_set = result_set
        self._outcome = outcome

    def get_plan(self) -> Plan:
        """
        获取 plan
        :return:
```

```
        """
        return self._plan

    def get_result_set(self) -> ResultSet:
        """
        获取搜索结果集
        :return:
        """
        return self._result_set

    def get_outcome(self) -> Outcome:
        """
        获取总结结果
        :return:
        """
        return self._outcome
```

6.2 分析器模块

分析器模块主要基于查询理解技术，对用户的查询进行深入分析。其功能包括问题分类、查询改写、意图分析以及规划等，旨在准确理解用户需求并为后续处理提供支持。

1. 创建分析器

在 src/core/analyzer/analyzer.py 文件中，我们先创建分析器，如代码清单 6-13 所示。分析器主要定义了查询理解所需的几种提示词，并封装了生成用户提示词的方法。

代码清单 6-13　创建分析器

```
"""
@File: analyzer.py
@Date: 2024/12/10 10:00
@Desc: 基类分析器模块
"""
from src.core.entity.plan.plan import Plan
from wpylib.pkg.langchain.model import Model
from src.core.entity.strategy.strategy import Strategy
from wpylib.util.x.xjson import extract_first_json
from wpylib.pkg.sse.stream_queue import StreamQueue, NoneQueue
from wpylib.pkg.langchain.history import make_conversation_history
from wpylib.pkg.langchain.prompt import create_chat_prompt_by_messages
from wpylib.pkg.langchain.chain import create_chain, make_chain_callbacks
from langchain_core.prompts.chat import SystemMessage, \
    HumanMessagePromptTemplate
from src.init.init import global_config, global_instance_localcache, global_
    instance_logger
from src.core.entity.strategy.strategy import ROLE_PROFESSIONAL, EMOTION_
    PROFESSIONAL, ANSWER_STYLE_PROFESSIONAL
```

```python
STREAM_MESSAGE_ANALYZER = "analyzer"
STREAM_MESSAGE_ANALYZER_RESULT = "analyzer_result"

DEFAULT_THOUGHT = "经过仔细分析你提出的这个问题，我会利用我的理解和学习能力，为你提供最准
    确的答案。"
DEFAULT_INTENTION_PLAN = {
    "plan": [],
    "intention": "none",
    "thought": DEFAULT_THOUGHT
}
INTENTION_TYPE_METHOD: str = "method"
INTENTION_TYPE_SUMMARY: str = "summary"
INTENTION_TYPE_WRITE: str = "write"
INTENTION_TYPE_NONE: str = "none"
INTENTION_LIST = [
    INTENTION_TYPE_METHOD,
    INTENTION_TYPE_SUMMARY,
    INTENTION_TYPE_WRITE,
    INTENTION_TYPE_NONE,
]
ACTION_TYPE_END: str = "end"
ACTION_TYPE_OUTPUT: str = "output"
ACTION_TYPE_SEARCH_WEB: str = "search_web"
ACTION_TYPE_SEARCH_LOCAL: str = "search_local"
ACTION_TYPE_SEARCH_WEB_AND_OUTPUT: str = "search_web_and_output"
ACTION_TYPE_SEARCH_LOCAL_AND_OUTPUT: str = "search_local_and_output"
ACTION_TYPE_LIST = [
    ACTION_TYPE_END,
    ACTION_TYPE_OUTPUT,
    ACTION_TYPE_SEARCH_WEB,
    ACTION_TYPE_SEARCH_LOCAL,
    ACTION_TYPE_SEARCH_WEB_AND_OUTPUT,
    ACTION_TYPE_SEARCH_LOCAL_AND_OUTPUT
]


class Analyzer:
    """
    意图分析器
    """
    # 定义所需要的问题分类、查询改写、意图识别与规划的系统提示词
    _analysis_category_system_prompt = f"""
# 问题分类器
你是一个问题分类器，可以识别用户的问题属于什么类目
## Context
- 自然科学与工程：如物理与天文、化学与材料、生命科学与环境、计算机与信息技术。
- 数学与思维逻辑：如基础数学、初等数学、高等数学。
- 创作与人文历史：文学与创作、语言学与交流、历史与文化、哲学与思想、艺术与审美。
- 社会与人类科学：政治与法律、经济与管理、社会学与人类学、心理学与行为科学、职业与创业。
- 生活与实用技能：教育与学习、生活与健康、运动与休闲。
```

- 影视资讯与讨论：电影分享、电影推荐、电影信息、电影观看。
- 交流与日常互动：日常对话。
Constrains
1. 返回结构如下所示：
```json
{{
"category": ""
}}
```

Workflow
1. 认真理解用户输入的内容先判断用户是在和你打招呼，和你简单地聊天，还是在向你提问。
2. 从 <Context> 中选择一个或多个合适的类目，标记此用户问题的所属类目。
3. 按要求返回结果。
"""
    _analysis_rewriting_system_prompt = f"""
# 角色
查询改写器
示例
示例1
输入：李白
输出：
```json
{{
"query_list": [" 李白 "],
}}
```

输入：他是谁
输出：
```json
{{
"query_list": [" 李白是谁 "],
}}
```

示例2
输入：球鞋推荐
输出：
```json
{{
"query_list": [" 球鞋推荐 "],
}}
```

要求
1. 不要扩展提问的含义。
2. 返回结构如下所示。
```json
{{
"query_list": [],
}}
```

工作流
1. 认真理解聊天记录。

2. 先判断用户的提问是否存在指代。
3. 如果存在指代，则你需要根据上下文，完成指代消解。
4. 再判断用户的提问是否存在省略（如表达不完整、不清晰）。
5. 如果存在省略，则你需要根据上下文完成省略补全。
6. 把修改后的一个或多个用户查询按要求的结构返回
任务
你需要对用户的查询做指代消解及省略补全。
"""

```
_analysis_intention_system_prompt = f"""
```
角色
你是一个对用户提问进行分析、深度意图挖掘并动态给出规划的助手。
目标
对用户提问进行分析和深度意图挖掘，并动态给出相应的规划。
可选择的意图
- 方法 / method：比如 "如何零基础学习唱歌""如何学习大模型技术""如何自学高等数学"。
- 创作 / write：比如 "帮我写一篇短篇小说""给我写一篇关于大模型技术的博客""帮我写一篇关于春天的自媒体文章"。
- 总结 / summary：比如 "天空为什么是蓝色的""为什么大模型会出现幻觉"。
- 无 / none：无任务意图，比如 "你好啊""请问你是谁啊"。
可选择的动作
- 联网搜索并输出：{{"type": "search_web_and_output", "keyword": "the search keyword", "part": "which part does the output belong to"}}
- 本地检索并输出：{{"type": "search_local_and_output", "keyword": "the search keyword", "part": "which part does the output belong to"}}
- 仅输出：{{"type": "output", "part": "which part does the output belong to"}}
- 结束：{{"type": "end"}}
示例
教我零基础学习 Python 语言
```json
{{
    "thought": "嗯，你向我询问学习 Python 编程语言。考虑到你是零基础，可能从事非计算机领域工作。所以，在回答前，我会先帮你联网搜索并解释编程语言和计算机领域的关系以及编程语言的背景，接着我会联网搜索编程语言的作用。然后我开始正式回答你的问题，开始联网搜索并告诉你 Python 语言的基础知识和学习方法，再帮你联网搜索并推荐一些相关的学习课程，最后我会给你提供一些 Python 语言的编程案例供你学习使用。",
    "plan": [
        {{"type": "search_web_and_output", "keyword": "编程语言和计算机领域的关系", "part": "编程语言的背景"}},
        {{"type": "search_web_and_output", "keyword": "编程语言的作用", "part": "编程语言的作用"}},
        {{"type": "search_web_and_output", "keyword": "Python 语言的基础知识", "part": "基础知识"}},
        {{"type": "search_web_and_output", "keyword": "Python 语言的学习方法", "part": "学习方法"}},
        {{"type": "search_web_and_output", "keyword": "学习 Python 语言的课程推荐", "part": "课程推荐"}},
        {{"type": "search_web_and_output", "keyword": "Python 语言的编程案例", "part": "编程案例"}},
        {{"type": "output", "part": "总结"}},
        {{"type": "end"}}
    ],
```

```
            "intention": "method"
}}
```
如何评价《喜剧之王》这部电影
```json
{{
    "thought": "嗯，你想要评价《喜剧之王》这部电影，考虑到这部电影是周星驰的经典作品，评价
        需要从多个角度进行。首先，由于这是一部电影，我会进行本地检索并输出关于《喜剧之王》的
        基本信息和背景。接着，我会联网搜索并输出这部电影的主题和情节分析。然后，我会联网搜索
        并输出观众和影评人对这部电影的普遍评价。最后，我会总结这些信息，给出一个全面的评价。",
    "plan": [
        {{"type": "search_local_and_output", "keyword": "《喜剧之王》基本信息 ",
            "part": " 基本信息 "}},
        {{"type": "search_web_and_output", "keyword": "《喜剧之王》主题和情节分析 ",
            "part": " 主题和情节 "}},
        {{"type": "search_web_and_output", "keyword": "《喜剧之王》观众评价 ",
            "part": " 观众评价 "}},
        {{"type": "search_web_and_output", "keyword": "《喜剧之王》影评人评价 ",
            "part": " 影评人评价 "}},
        {{"type": "output", "part": " 总结评价 "}},
        {{"type": "end"}}
    ],
    "intention": "summary"
}}
```
要求
1. 如果提问意图为"方法"，必须按照有顺序、有逻辑条理的方式来解答。
2. 如果提问意图为"总结"，则必须在正面回答问题的前提下，自行规划解答步骤。
3. 如果涉及和电影信息相关的步骤，你必须调用本地搜索动作，即 search_local_and_output 动作。
注意
1. 禁止直接给出问题的最终答案，你只能对问题进行分析与意图挖掘。
2. 你生成的规划其实就是一个完整的执行步骤列表，涵盖在某个意图下生成的所有操作流程。
3. 你无须回答用户的具体问题，只需要在经过分析和挖掘后，输出用户意图与执行规划。
"""

    def _make_user_prompt(self, query: str, messages: list = None):
        """
        生成用户部分的提示词
        :param query:
        :param messages:
        :return:
        """
        user_prompt = f"{make_conversation_history(messages)}\n\n## 用户提问 \n{query}"
        return user_prompt
```

2. 问题分类方法

为了实现问题分类机制，我们在 analyzer.py 文件中添加了一个问题分类方法，如代码清单 6-14 所示。
```

代码清单 6-14　问题分类方法

```python
class Analyzer:
    """
    意图分析器
    """

    def analysis_category(self, query: str, messages: list = None) -> dict:
        """
        分析问题类目
        """
        # 拼接用户部分的提示词
        user_prompt = self._make_user_prompt(query=query, messages=messages)

        # 初始化 LLMChain 实例
        model_config = global_config["model"]["provider"]["deepseek_chat"]
        model = Model(model_type=model_config["model_type"], model_
            config=model_config)
        prompt = create_chat_prompt_by_messages(messages=[
            SystemMessage(content=self._analysis_category_system_prompt),
            HumanMessagePromptTemplate.from_template("{input}"),
        ])
        chain = create_chain(
            model=model.get_raw_model(),
            prompt=prompt,
        )
        llm_invoke = chain.invoke(
            input=user_prompt,
            config={
                "callbacks": make_chain_callbacks(
                    langfuse_config=global_config["langfuse"],
                    log_id=global_instance_localcache.get_log_id()
                )
            }
        )

        # 解析大模型的返回
        llm_result = extract_first_json(llm_invoke["text"])

        # 检查大模型的返回
        category_list = [
            "自然科学与工程",
            "数学与思维逻辑",
            "创作与人文历史",
            "社会与人类科学",
            "生活与实用技能",
            "影视资讯与讨论",
            "交流与日常互动"
        ]
        if "category" not in llm_result or not isinstance(llm_
            result["category"], str) \
```

```
                or llm_result["category"] not in category_list:
            llm_result["category"] = " 交流与日常互动 "
        return llm_result
```

3. 查询改写方法

为了实现查询改写机制，我们在 analyzer.py 文件中添加了一个查询改写方法，如代码清单 6-15 所示。

代码清单 6-15　查询改写方法

```python
class Analyzer:
    """
    意图分析器
    """

    def analysis_rewriting(self, query: str, messages: list = None) -> dict:
        """
        用户查询改写
        :return:
        """
        # 如果超过一定长度，则不做查询改写
        max_len = 30
        if len(query) > max_len:
            return {"query_list": [query]}

        # 拼接用户部分的提示词
        user_prompt = self._make_user_prompt(query=query, messages=messages)

        # 初始化 LLMChain 实例
        model_config = global_config["model"]["provider"]["deepseek_chat"]
        model = Model(model_type=model_config["model_type"], model_
            config=model_config)
        prompt = create_chat_prompt_by_messages(messages=[
            SystemMessage(content=self._analysis_rewriting_system_prompt),
            HumanMessagePromptTemplate.from_template("{input}"),
        ])
        chain = create_chain(
            model=model.get_raw_model(),
            prompt=prompt,
        )
        llm_invoke = chain.invoke(
            input=user_prompt,
            config={
                "callbacks": make_chain_callbacks(
                    langfuse_config=global_config["langfuse"],
                    log_id=global_instance_localcache.get_log_id()
                )
            }
        )
```

```python
    # 解析大模型的返回
    llm_result = extract_first_json(llm_invoke["text"])
    return llm_result
```

4. 意图分析与规划方法

为了实现意图分析与规划，我们在 analyzer.py 文件中添加了一个意图分析与规划方法，如代码清单 6-16 所示。

代码清单 6-16　意图分析与规划方法

```python
class Analyzer:
    """
    意图分析器
    """

    def analysis_intention_plan(
            self, query: str, messages: list = None, queue: StreamQueue =
                NoneQueue()
    ):
        """
        分析意图并规划
        :return:
        """
        # 创建模型
        user_prompt = self._make_user_prompt(query=query, messages=messages)
        model_config = global_config["model"]["provider"]["deepseek_chat"]
        model = Model(model_type=model_config["model_type"], model_
            config=model_config)
        prompt = create_chat_prompt_by_messages(messages=[
            SystemMessage(content=self._analysis_intention_system_prompt),
            HumanMessagePromptTemplate.from_template("{input}"),
        ])
        chain = create_chain(
            model=model.get_raw_model(),
            prompt=prompt,
        )

        # 调用并解析大模型的返回结果
        llm_invoke = chain.invoke(
            input=user_prompt,
            config={
                "callbacks": make_chain_callbacks(
                    langfuse_config=global_config["langfuse"],
                    log_id=global_instance_localcache.get_log_id()
                )
            }
        )
        llm_result = extract_first_json(llm_invoke["text"])

        # 检查大模型的返回结果
```

```python
        # (1) thought 字段检查
        if "thought" not in llm_result or llm_result["thought"] == "":
            llm_result["thought"] = DEFAULT_THOUGHT
        # (2) plan/intention 字段检查
        if "plan" not in llm_result or not isinstance(llm_result["plan"], list) \
                or "intention" not in llm_result or llm_result["intention"] \
                    not in INTENTION_LIST:
            queue.send_message(
                type_str=STREAM_MESSAGE_ANALYZER_RESULT,
                item={"result": llm_result, "content": f"正在意图识别与规划中,已
                    自动切换为简单意图。"}
            )
            return DEFAULT_INTENTION_PLAN
        # (3) 检查规划中的每个动作是否正确
        new_action_list = []
        for index, item in enumerate(llm_result["plan"]):
            # 检查 type 字段
            if "type" not in item or item["type"] not in ACTION_TYPE_LIST:
                continue
        # 检查 ACTION_TYPE_OUTPUT 动作类型
            if item["type"] == ACTION_TYPE_OUTPUT and "part" not in item:
                continue
            # 检查 ACTION_TYPE_SEARCH_WEB_AND_OUTPUT 动作类型
            if item["type"] == ACTION_TYPE_SEARCH_WEB_AND_OUTPUT and "part" \
                not in item and "keyword" not in item:
                continue
            # 检查 ACTION_TYPE_SEARCH_LOCAL_AND_OUTPUT 动作类型
            if item["type"] == ACTION_TYPE_SEARCH_LOCAL_AND_OUTPUT and "part" \
                not in item and "keyword" not in item:
                continue
            new_action_list.append(item)
        # (4) 如果没有动作列表(为空),则返回默认规划
        if len(new_action_list) <= 0:
            queue.send_message(
                type_str=STREAM_MESSAGE_ANALYZER_RESULT,
                item={"result": llm_result, "content": f"正在意图识别与规划中,已
                    自动切换为简单意图。"}
            )
            return DEFAULT_INTENTION_PLAN
        # (5) 如果无意图,则直接返回对应的规划
        if llm_result["intention"] == INTENTION_TYPE_NONE:
            queue.send_message(
                type_str=STREAM_MESSAGE_ANALYZER_RESULT,
                item={"result": llm_result, "content": f"正在意图识别与规划中,已
                    识别为简单意图。"}
            )
            return llm_result
        llm_result["plan"] = new_action_list

        # 返回结果
        queue.send_message(
```

```
                type_str=STREAM_MESSAGE_ANALYZER_RESULT,
                item={"result": llm_result, "content": f"正在意图识别与规划中，生成的
                    规划如下：{llm_result['thought']}"}
            )
            return llm_result
```

5. 统一分析入口方法

最后，为了实现分析器的整体业务逻辑代码，我们在 analyzer.py 文件中添加了一个统一分析入口方法，如代码清单 6-17 所示。

代码清单 6-17　统一分析入口方法

```
class Analyzer:
    """
    意图分析器
    """

    def analysis(self, query: str, mode: str, messages: list = None, queue:
            StreamQueue = NoneQueue()) -> Plan:
        """
        开始分析
        :param query: 查询
        :param mode: 模式
        :param messages: 消息列表
        :param queue: 队列
        :return:
        """
        # 意图识别与规划
        llm_result = self.analysis_intention_plan(query=query,
            messages=messages, queue=queue)

        # 角色与回答模板机制
        strategy = Strategy()
        if mode == "professional":
            strategy = Strategy(
user_prompt=f"""
{self._make_user_prompt(query, messages)}
## 之前的输出内容
{{previous_output}}
## 要求
1．必须输出标题"## {{title}}""
2．必须注意前后文内容的连贯性
3．禁止说参考资料或参考上下文
            """,
            # 自定义这个类（Plan 的子类）需要的参数
            action_list=llm_result["plan"],
            intention=llm_result["intention"],
        )
        return plan
```

6.3 检索器模块

检索器模块主要通过外部调用获取数据,并将数据添加到大模型的上下文中,以扩展大模型的知识能力,从而更精准地回答用户的问题。该模块主要包含两个核心组件:用于联网搜索的必应搜索检索器,以及用于向量检索的 Milvus 检索器。

1. 创建检索器基类

在 src/core/retriever/retriever.py 文件中,我们可以创建检索器基类(见代码清单 6-18),提供通用的检索器参数和检索方法,所有具体的检索器都要继承这个基类检索器,方便调用与扩展。

代码清单 6-18　创建检索器基类

```python
"""
@File: retriever.py
@Date: 2024/12/10 10:00
@Desc: 检索器基类模块
"""
from src.core.entity.search_result.result_set import ResultSet
from src.core.entity.param.retriever_param import RetrieverParam


class Retriever:
    """
    检索器
    """
    def __init__(self):
        ...

    def retrieve(self, retriever_param: RetrieverParam) -> ResultSet:
        """
        检索入口
        :return:
        """
        # 返回结果集
        return ResultSet()
```

2. 创建必应搜索检索器

在 src/core/retriever/bing_search_retriever.py 文件中,我们通过继承检索器基类,创建必应搜索检索器,如代码清单 6-19 所示。

代码清单 6-19　创建必应搜索检索器

```python
"""
@File: bing_search_retriever.py
@Date: 2024/12/10 10:00
@Desc: 必应搜索检索器模块
```

```python
"""
from wpylib.util.encry import sha1
from src.init.init import global_config
from src.core.entity.search_result.result_set import ResultSet
from src.core.entity.param.retriever_param import RetrieverParam
from langchain_community.utilities import BingSearchAPIWrapper
from src.core.service.aisearch.retriever.retriever import Retriever
from src.core.entity.search_result.result_set_item.web_document import WebDocument
import urllib.parse


class BingSearchRetriever(Retriever):
    """
    必应搜索检索器
    """
    _WEB_DOCUMENT_RESOURCE_MAP = {
        "baike.baidu.com": {
            "name": "百度百科",
            "icon": "https://baike.baidu.com/favicon.ico",
        },
    }
    _instance_bing_search = BingSearchAPIWrapper(
        bing_subscription_key=global_config["bing"]["bing_subscription_key"],
        bing_search_url=global_config["bing"]["bing_search_url"],
    )

    def retrieve(self, retriever_param: RetrieverParam) -> ResultSet:
        """
        执行入口
        :return:
        """
        # 解析参数
        query = retriever_param.get_query()
        count = retriever_param.get_count()
        start_index = retriever_param.get_start_index()

        # 开始搜索
        search_list = self._instance_bing_search.results(query, count)

        # 封装数据集
        result_set = ResultSet()
        web_document_list: list[WebDocument] = []
        for k, item in enumerate(search_list):
            if "snippet" not in item or item["snippet"] == "":
                continue
            # 参数检查，有时候必应接口返回的字段会缺少link信息
            if "link" not in item:
                item["link"] = ""
            # 文档资源信息
            source = ""
```

```
            resource_info = {
                "name": " 网页 ",
                "icon": "",
            }
            if item["link"].startswith("http:/") or item["link"].
                startswith("https:/"):
                source = urllib.parse.urlparse(item["link"]).netloc
                if source in self._WEB_DOCUMENT_RESOURCE_MAP:
                    resource_info = self._WEB_DOCUMENT_RESOURCE_MAP[source]
            # 文档结构体
            web_document = WebDocument(
                doc_index=start_index + k + 1,
                doc_id=f"""{sha1(item["link"])}""",
                title=item["title"],
                description=item["snippet"],
                icon=resource_info["icon"],
                url=item["link"],
                source=source,
                source_name=resource_info["name"],
                content="",
            )

            # 将 web_document 加入文档列表中
            web_document_list.append(web_document)
        result_set.reset(web_document_list=web_document_list)

        # 返回数据集
        return result_set
```

3. 创建 Milvus 检索器

在 src/core/retriever/milvus_search_retriever.py 文件中，我们通过继承检索器基类，创建了 Milvus 检索器，如代码清单 6-20 所示。

代码清单 6-20　创建 Milvus 检索器

```
"""
@File: milvus_search_retriever.py
@Date: 2024/12/10 10:00
@Desc: 向量数据库的检索器模块
"""
from src.entity.search_result.result_set import ResultSet
from src.entity.param.retriever_param import RetrieverParam
from src.service.aisearch.retriever.retriever import Retriever
from src.init.init import global_config, global_instance_logger, global_
    instance_milvus
from src.entity.search_result.result_set_item.knowledge_document import
    KnowledgeDocument
```

```python
class MilvusSearchRetriever(Retriever):
    """
    Milvus 检索器
    """

    def retrieve(self, retriever_param: RetrieverParam) -> ResultSet:
        """
        执行入口
        :return:
        """
        # 解析参数
        query = retriever_param.get_query()
        count = retriever_param.get_count()
        min_score = retriever_param.get_min_score()

        # 开始搜索
        result_set = ResultSet()
        try:
            search_list = global_instance_milvus.search(
                collection_name=global_config["milvus"]["collection"]
                    ["aisearch_movie"],
                query=query,
                output_fields=["name", "description"],
                limit=count
            )
        except Exception as e:
            global_instance_logger.log_info(
                "aisearch milvus_search_retriever exception", {"e": e}
            )
            return result_set

        # 封装数据集

        if len(search_list) <= 0 or search_list[0]["distance"] < min_score:
            return result_set

        result_set = ResultSet()
        knowledge_document_list: list[KnowledgeDocument] = []
        for index, item in enumerate(search_list):
            document = KnowledgeDocument(
                key=search_list[index]["entity"]["name"],
                value=search_list[index]["entity"]["description"],
                score=search_list[index]["entity"]["distance"]
            )
            knowledge_document_list.append(document)
        result_set.reset(knowledge_document_list=knowledge_document_list)

        # 返回数据集
        return result_set
```

6.4 生成器模块

生成器模块主要通过角色与答案模板机制，以及答案中呈现引用编号等内容优化技术，来完成大模型的答案生成与输出。在具体实现过程中，该模块主要包括回答策略方法集和生成输出方法，以确保答案的质量和用户体验。

1. 创建生成器

在 src/core/generator/generator.py 文件中，我们创建一个生成器，如代码清单 6-21 所示。它主要提供通用的方法来调用大模型进行生成，同时支持在不同策略下应用不同的角色设定和回答风格等。

代码清单 6-21　创建生成器

```
"""
@File: generator.py
@Date: 2024/12/10 10:00
@Desc: 生成器模块
"""
from wpylib.pkg.langchain.model import Model
from src.core.entity.search_result.outcome import Outcome
from src.core.entity.strategy.strategy import STRATEGY_MAP
from src.core.entity.search_result.result_set import ResultSet
from wpylib.pkg.langchain.chain import make_chain_callbacks
from src.core.entity.param.generator_param import GeneratorParam
from wpylib.pkg.sse.stream_queue import StreamQueue, NoneQueue
from langchain_core.prompts.chat import SystemMessage, HumanMessage
from src.init.init import global_config, global_instance_localcache
from src.core.entity.search_result.markdown_outcome import MarkdownOutcome
import re

STREAM_MESSAGE_GENERATION = "generation"
STREAM_MESSAGE_GENERATION_PENDING = "generation_pending"
STREAM_MESSAGE_REFERENCE = "reference"


class Generator:
    """
    生成器
    """
    _system_prompt_template: str = """
# 角色
{role}
## 注意
- 请输出标题
- 你将获得一组与问题相关的上下文，每个上下文都以参考编号开头，如 [citation:x]，其中 x 是一个数字。
- 如果回答中的某个句子引用了某个上下文，请在此句子末尾标识引用及编号，格式为 [citation:x]。
- 如果回答中的某个句子引用了多个上下文，请在此句子末尾列出所有适用的引用，如 [citation:3][citation:5]。
```

```
- 除了代码和特定名称和引用之外，你的答案必须使用与问题相同的语言编写。
## 上下文
{context}
## 回答策略
### 情感
{emotion}
### 风格
{answer_style}
## 目标
根据上下文中的参考信息，按照用户的要求执行，请以Markdown格式输出。
"""
```

2. 回答策略方法集

为了实现角色与答案模板机制，我们在 generator.py 文件中添加几个方法，它们共同组成了回答策略方法集，如代码清单6-22所示。

代码清单6-22　回答策略方法集

```
class Generator:
    """
    生成器
    """

    @staticmethod
    def _access_strategy_map(field_str) -> str:
        """
        通过解析传入的field_str字段名称，从STRATEGY_MAP常量中获取对应的strategy_value
            值，从而实现灵活选择不同的角色、情感、回答风格的效果。
        :param field_str:
        :return:
        """
        parts = field_str.split(".")

        strategy_value = STRATEGY_MAP
        for part in parts:
            strategy_value = strategy_value.get(part)
        return strategy_value

    def _select_role(self, generator_param: GeneratorParam):
        """
        选择角色
        :param generator_param:
        :return:
        """
        role = generator_param.get_strategy().get_role()
        return self._access_strategy_map(role)

    def _select_emotion(self, generator_param: GeneratorParam):
        """
```

```python
        选择情感
        :param generator_param:
        :return:
        """
        emotion = generator_param.get_strategy().get_emotion()
        return self._access_strategy_map(emotion)

    def _select_answer_style(self, generator_param: GeneratorParam):
        """
        选择情感
        :param generator_param:
        :return:
        """
        answer_style = generator_param.get_strategy().get_answer_style()
        return self._access_strategy_map(answer_style)
```

3. 生成并输出方法

在调用大模型生成输出的主要目标是生成答案，同时引入了一些答案内容优化技术，例如在答案中呈现引用编号等。基于此需求，我们在generator.py文件中添加了一个生成并输出的方法，如代码清单6-23所示。

代码清单6-23 生成并输出方法

```python
class Generator:
    """
    生成器
    """

    def generate(
            self,
            generator_param: GeneratorParam,
            result_set: ResultSet,
            messages: list = None,
            queue: StreamQueue = NoneQueue(),
    ) -> Outcome:
        """
        生成并输出
        """
        # 开始准备生成
        queue.send_message(type_str=STREAM_MESSAGE_GENERATION_PENDING,
            item={"content": ""})

        # 初始化 model
        model_config = global_config["model"]["provider"]["deepseek_chat"]
        model = Model(model_type=model_config["model_type"], model_
            config=model_config)

        # 拼装并调用大模型
        system_prompt = self._system_prompt_template.format(
```

```python
            role=self._select_role(generator_param=generator_param),
            context="\n\n".join(
                [
                    f"[citation:{c.get_doc_index()}] {c.select_as_citation()}"
                    for i, c in
                    enumerate(result_set.get_web_document_list())
                ]
            ).join(
                [
                    f"[citation:{i+1}] {c.get_value()}" for i, c in
                    enumerate(result_set.get_knowledge_document_list())
                ]
            ),
            emotion=self._select_emotion(generator_param=generator_param),
            answer_style=self._select_answer_style(generator_param=generator_param),
        )
        user_prompt = generator_param.get_user_prompt()
        llm_text_generator = model.stream(
            langchain_input=[
                # 系统消息
                SystemMessage(system_prompt),
                # 加入当前用户提问
                HumanMessage(user_prompt)
            ],
            config={
                "callbacks": make_chain_callbacks(
                    langfuse_config=global_config["langfuse"],
                    log_id=global_instance_localcache.get_log_id()
                )
            },
        )

        # 输出内容
        llm_text = ""
        inside_think = False
        for item in llm_text_generator:
            llm_text += item.content
            # 如果使用 DeepSeek 模型，需要舍去 <think></think> 标签内的思考部分，此部分
            #   不作为答案。
            if not inside_think and "<think>" in llm_text:
                inside_think = True
                continue
            if inside_think:
                if "</think>" in llm_text:
                    # 思考过程结束，但是 </think> 标签后可能有文本答案，所以截取出来
                    inside_think = False
                    llm_text = llm_text.strip()
                    llm_text = re.sub(r'<think>.*?</think>', '', llm_text,
                        flags=re.DOTALL)
                    if llm_text != "":
                        queue.send_message(type_str=STREAM_MESSAGE_GENERATION,
```

```
                        item={"content": llm_text})
            continue
    # 输出答案
    queue.send_message(type_str=STREAM_MESSAGE_GENERATION,
        item={"content": item.content})

# 当内容输出完成后,追加输出 "\n\n" 这两个换行符,以美化整体输出效果。
if llm_text != "":
    footer = "\n\n"
    queue.send_message(type_str=STREAM_MESSAGE_GENERATION,
        item={"content": footer})
    llm_text += footer

# 返回结果
outcome = MarkdownOutcome(content=llm_text)
return outcome
```

6.5 过滤器模块

在实际应用中,检索器获取的数据并不总是完全符合需求的,可能存在质量参差不齐或需要进一步优化的情况。因此,在正式调用生成器生成最终答案之前,通常需要对检索结果进行筛选、优化和增强处理,这正是过滤器模块的工作内容。过滤器模块确保输入给生成器的数据更具相关性和可靠性,从而提升最终生成结果的质量和准确性。

过滤器主要又分为三种类型,分别是移除器、重排器、读取器。其中,移除器用于移除不满足要求的数据,如排除掉被拉黑的特定网站里的所有网页数据。重排器用于对检索结果进一步重排,保证相关性最高的数据在前面。读取器用于在过滤阶段统一对所有搜索引擎检索到的网页进行内容读取。

6.5.1 创建过滤器基类

我们在 src/core/filter/filter.py 文件中定义了过滤器基类,如代码清单 6-24 所示。它主要提供了通用的 choose 方法,以执行过滤逻辑。

代码清单 6-24　创建过滤器基类

```
"""
@File: filter.py
@Date: 2024/12/10 10:00
@Desc: 过滤器基类模块
"""
from src.core.entity.search_result.result_set import ResultSet


class Filter:
    """
```

过滤器
"""
def choose(self, result_set: ResultSet, **kwargs) -> ResultSet:
    """
    筛选入口
    """
    return ResultSet()
```

## 6.5.2 创建移除器模块

在 src/core/filter/remove/remove.py 文件中，我们创建了移除器模块（即移除器基类），如代码清单 6-25 所示。该类专门针对网页类型的文档，基于预设的域名黑白名单策略，对不符合要求的网页进行筛选和剔除。这一机制可以有效排除低质量或不相关的网页内容，确保后续搜索和生成环节的数据质量更加精准可靠。

**代码清单 6-25　创建移除器模块**

```
"""
@File: remove.py
@Date: 2024/12/10 10:00
@Desc: 移除器模块
"""
from src.core.service.aisearch.filter.filter import Filter
from src.core.entity.search_result.result_set import ResultSet
from src.core.entity.search_result.result_set_item.web_document import
    WebDocument
from src.core.entity.search_result.result_set_item.web_document import RESULT_
    SET_ITEM_TYPE_WEB_DOCUMENT

class Remove(Filter):
    """
    移除器基类
    """
    def choose(self, result_set: ResultSet, **kwargs) -> ResultSet:
        """
        筛选入口
        :return:
        """
        # 过滤不需要的数据
        new_web_document_list: list[WebDocument] = []
        web_document_list: list[WebDocument] = result_set.get_web_document_list()
        for item in web_document_list:
            if item.get_item_type() != RESULT_SET_ITEM_TYPE_WEB_DOCUMENT:
                continue
            new_web_document: WebDocument = item

            # 过滤掉的域名
```
```

```
            black_sources = ["baike.baidu.hk"]
            source = new_web_document.get_source()
            if source in black_sources:
                continue

            # 将筛选后的文档加入文档列表中
            new_web_document_list.append(new_web_document)

        # 返回结果集
        result_set.reset(web_document_list=new_web_document_list)
        return result_set
```

6.5.3　创建重排序模块

在 src/core/filter/rerank/rerank.py 文件中，我们定义了重排序模块（见代码清单 6-26），它根据不同域名的权重对网页类型的文档进行重排序优化。该模块通过设定不同域名的优先级，确保更权威或更相关的网页内容能够排在更靠前的位置，从而提升搜索结果的质量和准确性。

代码清单 6-26　创建重排序模块

```
"""
@File: rerank.py
@Date: 2024/12/10 10:00
@Desc: 重排序模块
"""
from src.core.service.aisearch.filter.filter import Filter
from src.core.entity.search_result.result_set import ResultSet
from src.core.entity.search_result.result_set_item.web_document import
    WebDocument
from src.core.entity.search_result.result_set_item.web_document import RESULT_
    SET_ITEM_TYPE_WEB_DOCUMENT


class Rerank(Filter):
    """
    重排序基类
    """

    def choose(self, result_set: ResultSet, **kwargs) -> ResultSet:
        """
        筛选入口
        :return:
        """
        # 业务层重排序
        new_web_document_list: list[WebDocument] = []
        for item in result_set.get_web_document_list():
            if item.get_item_type() != RESULT_SET_ITEM_TYPE_WEB_DOCUMENT:
                continue
            new_web_document: WebDocument = item
```

```python
# 打分策略
source = new_web_document.get_source()
if source in ["baike.baidu.com", "baike.baidu.hk"]:
    new_web_document.add_score(10)
elif source in ["baike.sogou.com", "zhidao.baidu.com"]:
    new_web_document.add_score(7)
elif source in ["wenku.baidu.com", "so.gushiwen.cn", "zhihu.com"]:
    new_web_document.add_score(5)

# 将新的文档加入列表中
new_web_document_list.append(new_web_document)

# 对文档进行重排序
new_web_document_list = sorted(new_web_document_list, key=lambda doc:
    doc.get_score(), reverse=True)

# 只获取 TopN
if "top_n" in kwargs:
    new_web_document_list = new_web_document_list[:kwargs["top_n"]]

# 返回结果集
result_set.reset(web_document_list=new_web_document_list)
return result_set
```

6.5.4 创建读取器模块

读取器模块采用网页内容读取技术，抓取多个网页的详细数据，为后续的处理和分析环节提供数据支持。

1. 创建读取器

在 src/core/filter/crawl/crawl.py 文件中，我们先创建读取器，如代码清单 6-27 所示。

代码清单 6-27　创建读取器

```python
"""
@File: crawl.py
@Date: 2024/12/10 10:00
"""
import asyncio
from wpylib.util.encry import sha1
from src.init.init import global_instance_logger
from src.init.init import global_instance_localcache
from src.core.filter.filter import Filter
from src.core.entity.search_result.result_set import ResultSet
from src.dao.crawl import add_crawl_record_list, get_crawl_record
from src.core.entity.search_result.result_set_item.web_document import WebDocument
from wpylib.pkg.singleton.loader.web_loader import WebLoader, WEB_LOADER_ENGINE_JINA
```

```python
class Crawl(Filter):
    """
    读取器
    """

    # 定义使用 JINA 引擎的网页加载器
    _web_loader: WebLoader = WebLoader(engine=WEB_LOADER_ENGINE_JINA)
```

2. 添加读取网页内容的方法

获取到网页结果集后，需要遍历并判断每个网页是否已存在于网页内容表中。如果不存在，则需要调用网页加载器获取内容。如果存在，则跳过此操作。为此，我们在 crawl.py 文件中添加一个读取网页内容的方法，如代码清单 6-28 所示。

代码清单 6-28　添加读取网页内容的方法

```python
class Crawl(Filter):
    """
    读取器
    """

    def _crawl_web_document(self, log_id, item: WebDocument) -> WebDocument:
        """
        读取网页内容
        :param item: Web 文档
        :return:
        """
        # 1. 先尝试从本地中获取网页内容
        new_web_document: WebDocument = item
        global_instance_localcache.set_log_id(log_id)
        is_crawled, crawl_record = get_crawl_record(new_web_document.get_doc_id())

        # 2. 如果该网页已被读取且被拉黑
        if is_crawled and int(crawl_record["deleted"]) == 1:
            global_instance_logger.log_info(
                "aisearch crawl been delete", {"crawl_record_id": crawl_
                    record["id"]}
            )
            return new_web_document

        # 3. 如果该网页在本地存在，则直接读取本地网页
        if is_crawled and crawl_record["content"] != "":
            # 更新文档信息
            new_web_document.update_title(crawl_record["title"])
            new_web_document.update_description(crawl_record["description"])
            new_web_document.update_content(crawl_record["content"])
            new_web_document.update_hit_count(crawl_record["hit_count"])
            # 打印日志
            global_instance_logger.log_info(
```

```python
            "aisearch crawl hit and not need re-crawl", biz_data={"doc_
                id": new_web_document.get_doc_id()}
    )
    return new_web_document

# 4. 重新读取网页
crawl_docs = []
try:
    crawl_docs = self._web_loader.load(
        resource_info_list=[
            {
                "url": new_web_document.get_url(),
                "source": new_web_document.get_source()
            }
        ],
        headers={"X-Timeout": "60"}
    )
    global_instance_logger.log_info("aisearch crawl first", biz_data={
        "crawl_docs": crawl_docs,
        "url": new_web_document.get_url(),
        "doc_id": sha1(new_web_document.get_url())
    })
except Exception as e:
    # 解析网页失败，直接跳过
    global_instance_logger.log_error("aisearch crawl error", {"e": e,
        "url": new_web_document.get_url()})
if len(crawl_docs) <= 0:
    return new_web_document

# 5. 更新文档信息
new_web_document.update_title(crawl_docs[0].get_title())
new_web_document.update_description(crawl_docs[0].get_description())
new_web_document.update_content(crawl_docs[0].get_content())
return new_web_document
```

3. 添加统一读取入口的方法

为了方便上层业务扩展，我们在 crawl.py 文件中添加一个统一读取入口的方法，如代码清单 6-29 所示。

代码清单 6-29　添加统一读取入口的方法

```python
class Crawl(Filter):
    """
    读取器
    """

    def choose(self, result_set: ResultSet, **kwargs) -> ResultSet:
        """
        统一读取入口
        :return:
```

```
"""
# 在当前线程内创建事件循环
loop = asyncio.new_event_loop()
asyncio.set_event_loop(loop)
log_id = global_instance_localcache.get_log_id()
tasks = [
    asyncio.wait_for(loop.run_in_executor(None, self._crawl_web_
        document, log_id, item), timeout=600)
    for item in result_set.get_web_document_list()
]
try:
    new_web_document_list = loop.run_until_complete(asyncio.
        gather(*tasks))
except asyncio.TimeoutError:
    global_instance_logger.log_error("aisearch crawl timeout error")
    new_web_document_list = result_set.get_web_document_list()
finally:
    loop.close()

# 保存网页内容记录
crawl_id_list = add_crawl_record_list(new_web_document_list)

# 返回结果集
result_set.reset(
    web_document_list=new_web_document_list, crawl_id_list=crawl_id_list
)
return result_set
```

在上述代码中，为了应对对多个网页内容进行操作的需求，我们采用了异步并发处理。通过异步方式，可以显著提升操作速度，提高系统的效率和响应能力。

第7章

实现 AI 搜索的自动运行

当构建完 AI 搜索的核心架构后,主要的问答流程实际上已经实现。此时,我们只需要提供一个简单的输入,然后依次触发分析器、检索器、过滤器和生成器,即可执行整个流程并生成最终答案。

然而,这种方式仍然属于手动运行的流程,需要依赖外部调用来完成模块的串联。为了进一步提升系统的智能化与自动化能力,本章将在项目的 work 目录中创建一个 scheduler 目录,作为调度器模块。通过调度器模块,使 AI 搜索的核心架构能够自主完成调用和执行,实现 AI 搜索的自动运行。

7.1 创建动作类

在实现调度器模块之前,我们先在 scheduler 目录中新建 action 目录。在该目录下,我们主要定义了几类核心动作,包括输出动作、联网搜索动作以及本地知识库搜索动作等这种单一动作类。此外,还设计了一些组合动作类,例如联网搜索并输出动作和本地知识库搜索并输出动作,以实现更高级的封装和抽象。

1. 创建动作基类

为了方便动作的后续扩展,我们需要先在 action 目录中创建 action.py 文件。它是一个暂无实际内容的动作基类,如代码清单 7-1 所示。

代码清单 7-1 创建动作基类

```
"""
@File: action.py
@Date: 2024/12/10 10:00
```

```python
@Desc: 动作基类模块
"""
from typing import Any


class Action:
    """
    动作
    """
    _action_name = "action"

    def __init__(self):
        pass

    def do(
            self,
            **kwargs
    ) -> Any:
        """
        开始执行
        """
        ...
```

2. 创建输出动作类

在 src/work/scheduler/action/output_action.py 文件中，我们创建了一个输出动作类，它主要负责调用生成器进行结果的生成和输出，如代码清单 7-2 所示。

代码清单 7-2　创建输出动作类

```python
"""
@File: output_action.py
@Date: 2024/12/10 10:00
@Desc: 输出动作类
"""
from src.core.entity.search_result.outcome import Outcome
from src.core.entity.search_result.result_set import ResultSet
from src.core.entity.param.generator_param import GeneratorParam
from wpylib.pkg.sse.stream_queue import StreamQueue, NoneQueue
from src.core.generator.generator import Generator
from src.work.scheduler.action.action import Action


class OutputAction(Action):
    """
    输出动作
    """
    _name = "output"
    _generator: Generator
```

```python
    def __init__(self):
        super().__init__()
        self._generator = Generator()

    def do(
            self,
            generator_param: GeneratorParam,
            result_set: ResultSet,
            messages: list = None,
            queue: StreamQueue = NoneQueue(),
    ) -> Outcome:
        """
        开始执行
        """
        # (1) 开始生成
        outcome = self._generator.generate(
            generator_param=generator_param,
            result_set=result_set,
            messages=messages,
            queue=queue,
        )

        # (2) 返回结果
        outcome = Outcome(content=outcome.get_content())
        return outcome
```

3. 创建联网搜索类

在 src/work/scheduler/action/search_web_action.py 文件中，我们创建一个联网搜索类，它主要负责调用必应搜索检索器，如代码清单 7-3 所示。

代码清单 7-3　创建联网搜索类

```python
"""
@File: search_web_action.py
@Date: 2024/12/10 10:00
@Desc: 联网搜索动作类
"""
from src.core.filter.filter import Filter
from src.core.filter.crawl.crawl import Crawl
from src.core.entity.search_result.result_set import ResultSet
from src.core.entity.param.retriever_param import RetrieverParam
from src.core.filter.rerank.rerank import Rerank
from src.core.filter.remove.remove import Remove
from wpylib.pkg.sse.stream_queue import StreamQueue, NoneQueue
from src.work.scheduler.action.action import Action
from src.core.retriever.bing_search_retriever import BingSearchRetriever


class SearchWebAction(Action):
```

```
"""
联网搜索动作
"""
_name = "search_web"
_bing_search_retriever: BingSearchRetriever

def __init__(self):
    super().__init__()
    self._bing_search_retriever = BingSearchRetriever()

def do(
        self,
        search_web_param: RetrieverParam,
        filter_list: list[Filter] = None,
        queue: StreamQueue = NoneQueue(),
) -> ResultSet:
    """
    开始执行
    """
    # (1) 先搜索
    result_set = self._bing_search_retriever.retrieve(retriever_
        param=search_web_param)

    # (2) 再过滤
    for filter_instance in filter_list:
        if isinstance(filter_instance, Remove):
            result_set = filter_instance.choose(result_set)
        elif isinstance(filter_instance, Rerank):
            result_set = filter_instance.choose(result_set, top_n=3)
        elif isinstance(filter_instance, Crawl):
            result_set = filter_instance.choose(result_set)
        else:
            result_set = filter_instance.choose(result_set)

    # (3) 返回结果
    return result_set
```

4. 创建知识库搜索类

在 src/work/scheduler/action/search_local_action.py 文件中，我们创建一个知识库（本地）搜索动作类，它主要负责调用 Milvus 向量存储检索器进行知识检索，如代码清单 7-4 所示。

代码清单 7-4　创建知识库搜索类

```
"""
@File: search_local_action.py
@Date: 2024/12/10 10:00
@Desc: 本地搜索动作类
"""
from src.core.entity.search_result.result_set import ResultSet
```

```python
from src.core.entity.param.retriever_param import RetrieverParam
from wpylib.pkg.sse.stream_queue import StreamQueue, NoneQueue
from src.work.scheduler.action.action import Action
from src.core.retriever.milvus_search_retriever import MilvusSearchRetriever


class SearchLocalAction(Action):
    """
    本地搜索动作
    """
    _name = "search_local"
    _milvus_search_retriever: MilvusSearchRetriever

    def __init__(self):
        super().__init__()
        self._milvus_search_retriever = MilvusSearchRetriever()

    def do(
            self,
            search_local_param: RetrieverParam,
            queue: StreamQueue = NoneQueue(),
    ) -> ResultSet:
        """
        开始执行
        """
        # (1) 先搜索
        result_set = self._milvus_search_retriever.retrieve(retriever_
            param=search_local_param)

        # (2) 返回结果
        return result_set
```

5. 创建联网搜索并输出动作类

在 src/work/scheduler/action/search_web_and_output_action.py 文件中，我们创建一个联网搜索并输出动作类，它主要负责结合联网搜索动作和输出动作，从而实现一个从检索到输出的完整且连续的流程，如代码清单 7-5 所示。

代码清单 7-5 创建联网搜索并输出动作类

```
"""
@File: search_web_and_output_action.py
@Date: 2024/12/10 10:00
@Desc: 联网搜索并输出动作类
"""
from src.core.entity.search_result.outcome import Outcome
from src.core.filter.filter import Filter
from src.core.entity.search_result.result_set import ResultSet
from src.core.entity.param.generator_param import GeneratorParam
from src.core.entity.param.retriever_param import RetrieverParam
```

```python
from wpylib.pkg.sse.stream_queue import StreamQueue, NoneQueue
from src.work.scheduler.action.action import Action
from src.work.scheduler.action.output_action import OutputAction
from src.work.scheduler.action.search_web_action import SearchWebAction


class SearchWebAndOutputAction(Action):
    """
    动作：联网搜索并输出
    """
    # 基础属性
    _name = "search_web_and_output"
    _search_action: SearchWebAction
    _output_action: OutputAction

    def __init__(self):
        super().__init__()
        self._search_action = SearchWebAction()
        self._output_action = OutputAction()

    def do(
            self,
            search_web_param: RetrieverParam,
            generator_param: GeneratorParam,
            messages: list = None,
            filter_list: list[Filter] = None,
            queue: StreamQueue = NoneQueue(),
    ) -> (ResultSet, Outcome):
        """
        开始执行
        """
        # (1) 搜索
        result_set = self._search_action.do(
            search_web_param=search_web_param,
            filter_list=filter_list,
            queue=queue
        )

        # (2) 调用生成
        outcome = self._output_action.do(
            generator_param=generator_param,
            result_set=result_set,
            messages=messages,
            queue=queue
        )

        # (3) 返回结果
        return result_set, outcome
```

6. 创建知识库搜索并输出动作类

在 src/work/scheduler/action/search_local_and_output_action.py 文件中，我们创建一个知识库（本地）搜索并输出动作类，它主要负责结合本地搜索动作和输出动作，从而实现一个从检索到输出的完整且连续的流程，如代码清单 7-6 所示。

代码清单 7-6　创建知识库搜索并输出动作类

```
"""
@File: search_local_and_output_action.py
@Date: 2024/12/10 10:00
@Desc: 本地搜索并输出动作类
"""
from src.core.entity.search_result.outcome import Outcome
from src.core.entity.search_result.result_set import ResultSet
from src.core.entity.param.generator_param import GeneratorParam
from src.core.entity.param.retriever_param import RetrieverParam
from wpylib.pkg.sse.stream_queue import StreamQueue, NoneQueue
from src.work.scheduler.action.action import Action
from src.work.scheduler.action.output_action import OutputAction
from src.work.scheduler.action.search_local_action import SearchLocalAction


class SearchLocalAndOutputAction(Action):
    """
    动作：本地搜索与输出
    """
    # 基础属性
    _name = "search_local_and_output"
    _search_action: SearchLocalAction
    _output_action: OutputAction

    def __init__(self):
        super().__init__()
        self._search_action = SearchLocalAction()
        self._output_action = OutputAction()

    def do(
            self,
            search_local_param: RetrieverParam,
            generator_param: GeneratorParam,
            messages: list = None,
            queue: StreamQueue = NoneQueue(),
    ) -> (ResultSet, Outcome):
        """
        开始执行
        """
        # (1) 搜索
        result_set = self._search_action.do(
            search_local_param=search_local_param,
```

```
        queue=queue
    )
    # (2) 调用生成
    outcome = self._output_action.do(
        generator_param=generator_param,
        result_set=result_set,
        messages=messages,
        queue=queue
    )
    # (3) 返回结果
    return result_set, outcome
```

7.2　实现调度器模块

本节将实现调度器模块。该模块的核心功能是根据用户的意图和规划结果，调用对应的动作，从而实现 AI 搜索的自动化运行。

1. 创建调度器

在 src/work/scheduler/scheduler.py 文件中，我们创建了一个调度器，将之前定义的动作类全部集成到调度器的属性中，并完成初始化。创建调度器，如代码清单 7-7 所示。

代码清单 7-7　创建调度器

```
"""
@File: scheduler.py
@Date: 2024/12/10 10:00
@Desc: 调度器模块
"""
from src.core.entity.plan.plan import Plan
from src.core.entity.search_result.outcome import Outcome
from src.core.entity.search_result.result_set import ResultSet
from src.core.entity.param.generator_param import GeneratorParam
from src.core.entity.param.retriever_param import RetrieverParam
from wpylib.pkg.sse.stream_queue import StreamQueue, NoneQueue
from src.core.entity.schedule_result.schedule_result import ScheduleResult
from src.work.scheduler.action.output_action import OutputAction
from src.work.scheduler.action.search_web_action import SearchWebAction
from src.work.scheduler.action.search_local_action import SearchLocalAction
from src.work.scheduler.action.search_web_and_output_action import \
    SearchWebAndOutputAction
from src.core.analyzer.analyzer import INTENTION_TYPE_NONE, ACTION_TYPE_END, \
    ACTION_TYPE_OUTPUT, \
    ACTION_TYPE_SEARCH_WEB, ACTION_TYPE_SEARCH_LOCAL, ACTION_TYPE_SEARCH_WEB_\
        AND_OUTPUT, \
    ACTION_TYPE_SEARCH_LOCAL_AND_OUTPUT
from src.work.scheduler.action.search_local_and_output_action import \
    SearchLocalAndOutputAction
```

```python
class Scheduler:
    """
    调度器
    """
    # 基本属性
    _search_web_action: SearchWebAction
    _search_local_action: SearchLocalAction
    _output_action: OutputAction
    _search_web_and_output_action: SearchWebAndOutputAction
    _search_local_and_output_action: SearchLocalAndOutputAction

    def __init__(self):
        self._search_web_action = SearchWebAction()
        self._output_action = OutputAction()
        self._search_web_and_output_action = SearchWebAndOutputAction()
        self._search_local_and_output_action = SearchLocalAndOutputAction()
```

2. 新增自动调度方法

在 **scheduler.py** 文件中，我们新增了一个自动调度方法，如代码清单 7-8 所示。该方法通过遍历规划步骤判断其类型并调用相应动作，从而实现调度器的自动化执行。

代码清单 7-8　新增自动调度方法

```python
class Scheduler:
    """
    调度器
    """

    def _loop(
            self,
            plan: Plan,
            messages: list = None,
            queue: StreamQueue = NoneQueue(),
            **kwargs
    ) -> ScheduleResult:
        """
        自动调度方法
        :param plan:
        :param messages:
        :param queue:
        :return:
        """
        filter_list = []
        if "filter_list" in kwargs:
            filter_list = kwargs["filter_list"]
        def contact_previous_output():
            return "\n".join([obj.get_content() for obj in outcome_list])
        # 循环动作列表
        result_set_list: list[ResultSet] = []
        outcome_list: list[Outcome] = []
```

```python
            for action_item in plan.get_action_list():
                if "type" not in action_item:
                    continue
                action_type = action_item["type"].lower()

                if action_type == ACTION_TYPE_END:
                    continue
                elif action_type == ACTION_TYPE_SEARCH_WEB:
                    result_set = self._search_web_action.do(
                        search_web_param=RetrieverParam(
                            query=plan.get_query() + " " + action_item["part"],
                            count=10,
                            start_index=len(result_set_list),
                        ),
                        filter_list=filter_list,
                        queue=queue
                    )
                    result_set_list.append(result_set)
                    start_index += len(result_set.get_web_document_list())
                elif action_type == ACTION_TYPE_SEARCH_LOCAL:
                    result_set = self._search_local_action.do(
                        search_local_param=RetrieverParam(
                            query=plan.get_query() + " " + action_item["part"],
                            count=10,
                            min_score=0.92,
                        ),
                        queue=queue
                    )
                    result_set_list.append(result_set)
                elif action_type == ACTION_TYPE_OUTPUT:
                    outcome = self._output_action.do(
                        generator_param=GeneratorParam(
                            query=action_item["part"],
                            query_rewriting=plan.get_query_rewriting(),
                            query_domain=plan.get_query_domain(),
                            strategy=plan.get_strategy(),
                            user_prompt=plan.get_user_prompt() + "\n\n## 开始输出这
                                部分 \n" + action_item["part"],previous_output=
                                contact_previous_output()
                        ),
                        result_set=ResultSet.combine(result_set_list),
                            # 在处理输出动作时，因为前面可能已累计得到多个查询结果，
                            所以需要合并这些搜索结果，以便作为上下文使用
                        messages=messages,
                        queue=queue
                    )
                    # outcome
                    outcome_list.append(outcome)
                elif action_type == ACTION_TYPE_SEARCH_WEB_AND_OUTPUT:
                    result_set, outcome = self._search_web_and_output_action.do(
                        search_web_param=RetrieverParam(
```

```python
                    query=plan.get_query() + " " + action_item["part"],
                    count=10,
                    start_index=len(result_set_list),
                ),
                generator_param=GeneratorParam(
                    query=action_item["part"],
                    query_rewriting=plan.get_query_rewriting(),
                    query_domain=plan.get_query_domain(),
                    strategy=plan.get_strategy(),
                    user_prompt=plan.get_user_prompt().format(title=action_
                        item["part"], previous_output=contact_previous_output())
                ),
                filter_list=filter_list,
                messages=messages,
                queue=queue
            )
            # outcome
            outcome_list.append(outcome)
            # result_set
            result_set_list.append(result_set)
            start_index += len(result_set.get_web_document_list())
        elif action_type == ACTION_TYPE_SEARCH_LOCAL_AND_OUTPUT:
            result_set, outcome = self._search_local_and_output_action.do(
                search_local_param=RetrieverParam(
                    query=plan.get_query() + " " + action_item["part"],
                    count=10,
                    min_score=0.92,
                ),
                generator_param=GeneratorParam(
                    query=action_item["part"],
                    query_rewriting=plan.get_query_rewriting(),
                    query_domain=plan.get_query_domain(),
                    strategy=plan.get_strategy(),
                    user_prompt=plan.get_user_prompt().format(title=action_
                        item["part"], previous_output=contact_previous_output())
                ),
                messages=messages,
                queue=queue
            )
            # outcome
            outcome_list.append(outcome)
            # result_set
            result_set_list.append(result_set)

# 返回调度结果
return ScheduleResult(
    plan=plan,
    result_set=ResultSet.combine(result_set_list),
    outcome=Outcome.combine(outcome_list),
)
```

3. 添加通用意图处理方法

在意图识别与规划阶段，系统会生成不同的意图，主要包括通用意图和默认意图。其中，通用意图包括方法意图、创作意图以及总结意图。为了方便扩展，需要根据不同的用户意图进行相应的处理。基于这一需求，我们在 scheduler.py 文件中添加了一个通用意图处理方法，其具体实现如代码清单 7-9 所示。

代码清单 7-9　添加通用意图处理方法

```python
class Scheduler:
    """
    调度器
    """

    def _handle_common_intention(
            self,
            plan: Plan,
            messages: list = None,
            queue: StreamQueue = NoneQueue(),
            **kwargs
    ):
        """
        通用意图处理
        :param plan:
        :param messages:
        :param queue:
        :param kwargs:
        :return:
        """
        return self._loop(
            plan=plan,
            messages=messages,
            queue=queue,
            **kwargs
        )
```

在上述代码中，通用意图处理方法会调用自动化执行方法，由自动化执行方法负责具体的执行过程。

4. 添加默认意图处理方法

我们在 scheduler.py 文件中添加了一个默认意图处理方法，如代码清单 7-10 所示。

代码清单 7-10　添加默认意图处理方法

```python
class Scheduler:
    """
    调度器
    """
```

```python
def _handle_none_intention(
        self,
        plan: Plan,
        messages: list = None,
        queue: StreamQueue = NoneQueue(),
        **kwargs
):
    """
    默认意图处理
    :return:
    """
    result_set = ResultSet()
    outcome = self._output_action.do(
        generator_param=GeneratorParam(
            query=plan.get_query(),
            query_rewriting=plan.get_query_rewriting(),
            query_domain=plan.get_query_domain(),
            strategy=plan.get_strategy(),
            user_prompt=plan.get_user_prompt().format(title=plan.get_query(),
                previous_output=""),
        ),
        result_set=result_set,
        messages=messages,
        queue=queue
    )

    # 返回调度结果
    return ScheduleResult(
        plan=plan,
        result_set=result_set,
        outcome=outcome,
    )
```

在上述代码中，默认意图的处理方法无须调用自动化执行流程，仅需调用一种输出动作即可完成处理。

5. 添加开始调度的入口方法

最后，为了启动调度器并执行相关流程，我们在 schedule.py 文件中添加了一个开始调度的入口方法，如代码清单 7-11 所示。

代码清单 7-11　添加开始调度的入口方法

```python
class Scheduler:
    """
    调度器
    """

    def schedule(
            self,
```

```python
        plan: Plan,
        messages: list = None,
        queue: StreamQueue = NoneQueue(),
        **kwargs
) -> ScheduleResult:
    """
    开始调度
    """
    # 开始
    intention = plan.get_intention()

    # 1. 如果是大模型意图
    if intention == INTENTION_TYPE_NONE:
        schedule_result = self._handle_none_intention(
            plan=plan,
            messages=messages,
            queue=queue,
            **kwargs
        )
        # 返回结果
        return schedule_result

    # 2. 根据不同意图选择不同的处理方式
    schedule_result = self._handle_common_intention(
        plan=plan,
        messages=messages,
        queue=queue,
        **kwargs
    )

    # 返回结果
    return schedule_result
```

第8章

开发 AI 搜索的应用功能与场景测试

本章会基于已实现的 AI 搜索核心功能，继续开发上层的业务代码，从零到一实现 AI 搜索的应用功能。

8.1 开发 DAO 操作层

在软件开发中，DAO（Data Access Object，数据访问对象）是一种用于持久化存储的抽象接口，专注于数据访问层的实现，负责对数据进行增、删、改、查等操作。为了更好地组织代码结构，我们在 src 目录下创建一个 dao 子目录，将会话、消息、引用以及网页内容的 DAO 操作都统一归类到该目录下。

8.1.1 实现会话 DAO 操作

每当用户发起一次新的搜索问答时，系统会自动创建一个新的会话，并将后续的问答交互内容归属于该会话。会话的 DAO 操作主要涉及创建会话、查询会话和删除会话等。这些操作可直接映射到数据库中的 aisearch_conversation 会话表，该表用于高效管理会话数据及其相关操作。

1. 新建 conversation.py 文件并导入依赖

在 dao 目录下新建 conversation.py 文件并导入相关依赖，如代码清单 8-1 所示。

代码清单 8-1　新建 conversation.py 文件并导入相关依赖

```
"""
@File: conversation.py
@Date: 2024/1/29 19:41
```

```
@Desc: 会话 DAO 操作
"""
from src.init.init import global_instance_mysql
from wpylib.util.sql.binding import import get_insert_sql, get_update_sql, get_
    select_by_where_sql
```

在上述代码中，我们需要导入在 init 服务初始化模块中创建的 MySQL 数据库全局实例，并导入封装好的与 SQL 插入、更新和查询相关的操作函数，以便简化数据库的操作。

2. 创建会话函数

在 aisearch_conversation 数据表中，主要有 user_id、query、mode 和 deleted 这 4 个字段。其中，deleted 字段用于标识会话是否被删除，在表设计时已将其默认值设为 0，所以仅在删除会话时才需将该字段的值更新为 1。query 字段表示用户的搜索内容，通常情况下，创建会话时会将用户本次搜索的内容作为会话的标题。因此，在创建会话时，只需显式地写入除 deleted 字段外的其他三个字段即可。在 conversation.py 文件中实现创建会话函数，如代码清单 8-2 所示。

代码清单 8-2　创建会话函数

```python
def create_conversation(user_id: int, query: str, mode: str = "simple") -> int:
    """
    创建会话
    :param user_id: 用户 ID
    :param query: 查询内容
    :param mode: 问答模式
    :return: 返回创建的会话 ID
    """
    # 生成语句
    insert_query, params = get_insert_sql(
        table="aisearch_conversation",
        data={
            "user_id": user_id,
            "query": query,
            "mode": mode
        }
    )

    # 执行语句
    conversation_id = global_instance_mysql.execute_insert_query(
        query=insert_query,
        params=params
    )
    return conversation_id
```

在成功创建会话后，将返回 aisearch_conversation 表中的一个自增 ID（conversation_id）作为会话的唯一标识。

3. 获取会话函数

在创建完会话后，我们可以通过会话 ID 获取每一条会话记录。所以，在 conversation.py 文件中需要实现获取会话函数，如代码清单 8-3 所示。

代码清单 8-3　获取会话函数

```python
def get_conversation(conversation_id: int) -> dict | None:
    """
    获取会话
    :param conversation_id: 会话 ID
    :return: 返回会话
    """
    # 生成语句
    select_query, params = get_select_by_where_sql(
        table="aisearch_conversation",
        column_list=["*"],
        where={
            "id": conversation_id
        }
    )

    # 执行语句
    conversation_list = global_instance_mysql.execute_select_query(
        query=select_query,
        params=params
    )
    if len(conversation_list) <= 0:
        return None
    return conversation_list[0]
```

此函数最后会返回会话 ID 所对应的会话记录，如果记录不存在则返回 None。

4. 删除会话函数

随着用户创建会话数量的增加，为用户提供删除会话的功能显得尤为重要。在会话表中，deleted 字段可用于实现会话的软删除。所以，在 conversation.py 文件中需要实现删除会话函数，如代码清单 8-4 所示。

代码清单 8-4　删除会话函数

```python
def delete_conversation(conversation_id: int):
    """
    删除会话
    :param conversation_id: 会话 ID
    """
    # 生成语句
    update_query, params = get_update_sql(
        table="aisearch_conversation",
        data={
            "deleted": 1,
        },
```

```python
        where={
            "id": conversation_id
        }
    )
    # 执行语句
    global_instance_mysql.execute_update_query(
        query=update_query,
        params=params
    )
```

此函数不对会话记录的存在与否进行判断,所以无返回值,无须关注删除是否成功。

5. 分页获取会话列表函数

在实际产品设计中,会话列表功能需要支持分页查询。所以,在 conversation.py 文件中需要实现分页获取会话列表函数,如代码清单 8-5 所示。

代码清单 8-5　分页获取会话列表函数

```python
def get_pagination_conversation_list(user_id: int, pg: int, pz: int) -> list:
    """
    分页获取会话列表
    :param user_id: 用户 ID
    :param pg: 当前页码
    :param pz: 每页大小
    :return: 分页获取会话
    """
    # 生成语句
    where_str = f"where user_id = {user_id} and deleted=0"
    order_str = "order by id desc"
    limit_str = f"limit {pz} offset {(pg - 1) * pz}"
    select_query = f"select * from aisearch_conversation {where_str} {order_
        str} {limit_str}"

    # 执行语句
    conversations = global_instance_mysql.execute_select_query(query=select_query)
    return conversations
```

当传入页码和当前页大小后,此函数会计算偏移量并构建 SQL 语句,最终返回当前页面内的会话列表数据。

6. 获取会话总数量函数

同样,分页查看会话列表功能需要支持获取某用户会话总数量的需求。所以,在 conversation.py 文件中需要实现获取会话总数量函数,如代码清单 8-6 所示。

代码清单 8-6　获取会话总数量函数

```python
def get_conversation_count(user_id: int) -> int:
    """
```

```
    获取会话总数量
    :param user_id: 用户 ID
    :return: 返回会话总数量
    """
    # 生成语句
    where_str = f"where user_id = {user_id} and deleted=0"
    select_query = f"select count(1) as 'total' from aisearch_conversation
        {where_str}"

    # 执行语句
    total_data = global_instance_mysql.execute_select_query(query=select_query)
    if len(total_data) <= 0:
        return 0
    return total_data[0]["total"]
```

在上述代码中，函数定义了 user_id 参数表示用户，并返回此用户的会话总数量。

8.1.2 实现消息的 DAO 操作

消息的 DAO 操作主要涉及新增消息、获取消息列表以及分页查询消息等功能。这些操作直接对应数据库中的 aisearch_conversation_message 消息表，该表用于高效管理消息数据及其相关操作。

1. 新建 message.py 文件并导入依赖

在 dao 目录下新建 message.py 文件并导入相关依赖，如代码清单 8-7 所示。

代码清单 8-7　新建 message.py 文件并导入相关依赖

```
"""
@File: message.py
@Date: 2024/1/29 19:41
@Desc: 消息 DAO 操作
"""
from src.init.init import global_instance_mysql
from wpylib.util.sql.binding import import get_insert_sql, get_select_by_where_sql
```

2. 新增消息函数

在会话创建完成后，用户的每次问答都会以消息的形式记录到对应的会话中。因此，消息表主要通过 conversation_id 来实现消息与会话的关联，同时存储用户的提问和系统生成的答案。所以，在 message.py 文件中需实现新增消息函数，如代码清单 8-8 所示。

代码清单 8-8　新增消息函数

```
def add_message(conversation_id: int, query: str, answer: str) -> int:
    """
    新增消息
    :param conversation_id: 会话 ID
```

```python
    :param query: 查询 / 提问内容
    :param answer: 答案
    :return: 返回新增消息的 ID
    """
    # 生成语句
    insert_query, params = get_insert_sql(
        table="aisearch_conversation_message",
        data={
            "conversation_id": conversation_id,
            "query": query,
            "answer": answer,
        }
    )

    # 执行语句
    message_id = global_instance_mysql.execute_insert_query(
        query=insert_query,
        params=params
    )
    return message_id
```

在消息创建完成后，将返回 aisearch_conversation_message 表中的一个自增 ID（message_id）作消息的唯一标识。

3. 获取消息列表函数

无论是在问答场景还是在预测问题的场景中，都需要获取聊天的上下文信息。因此，需要提供一个获取消息列表的功能，以便检索某次对话中的上下文数据。所以，在 message.py 文件中需实现获取消息列表函数，如代码清单 8-9 所示。

代码清单 8-9　获取消息列表函数

```python
def get_message_list(where: dict, limit=10) -> list:
    """
    获取消息列表
    :param where: 查询条件
    :param limit: 数量限制
    :return: 返回消息列表
    """
    # 生成语句
    select_query, params = get_select_by_where_sql(
        table="aisearch_conversation_message",
        column_list=["conversation_id", "query", "answer"],
        where=where,
        order_by="id asc",
        limit=limit,
    )

    # 执行语句
    record_list = global_instance_mysql.execute_select_query(
```

```
        query=select_query, params=params
    )
    # 封装消息
    messages = []
    for record in record_list:
        messages.append({
            "query": record["query"],
            "answer": record["answer"],
        })
    return messages
```

在上述代码中，由于消息列表主要用于获取对话的上下文信息，因此在返回消息列表时只封装了 query 和 answer 这两个字段的值。

4. 分页获取消息列表函数

在前端查看消息列表时，需要支持分页获取消息列表功能，所以在 message.py 文件中需要实现分页获取消息列表函数，如代码清单 8-10 所示。

代码清单 8-10　分页获取消息列表函数

```
def get_pagination_message_list(conversation_id: int, pg: int, pz: int) -> list:
    """
    分页获取消息列表
    :param conversation_id: 会话 ID
    :param pg: 当前页码
    :param pz: 页面容量
    :return: 分页返回当前会话的消息列表
    """
    # 生成语句
    where_str = f"where conversation_id = {conversation_id} and deleted = 0"
    order_str = "order by id asc"
    limit_str = f"limit {pz} offset {(pg - 1) * pz}"
    select_query = f"select * from aisearch_conversation_message {where_str} 
        {order_str} {limit_str}"

    # 执行语句
    messages = global_instance_mysql.execute_select_query(query=select_query)
    return messages
```

5. 获取消息总数量函数

同样，分页查看消息列表的功能需要能获取用户消息的总数量。所以，在 message.py 文件中需要实现获取消息总数量函数，如代码清单 8-11 所示。

代码清单 8-11　获取消息总数量函数

```
def get_message_count(conversation_id: int) -> int:
    """
```

```
获取消息总数量
:param conversation_id: 会话 ID
:return: 返回消息总数量
"""
# 生成语句
where_str = "where conversation_id = %s and deleted = %s"
select_query = f"Select count(1) as 'total' from aisearch_conversation_
    message {where_str}"

# 执行语句
total_data = global_instance_mysql.execute_select_query(
    query=select_query,
    params=[conversation_id, 0]
)
return total_data[0]["total"]
```

8.1.3 实现引用 DAO 操作

在消息数据中，与消息相对应的还有每一条消息所对应的引用数据。引用的 DAO 操作主要涉及新增引用、获取引用列表等功能。这些操作直接对应数据库中的 aisearch_conversation_reference 引用表，用于高效管理引用数据及其相关操作。

1. 新建 reference.py 文件并导入依赖

在 dao 目录下新建 reference.py 文件并导入相关依赖，如代码清单 8-12 所示。

代码清单 8-12　新建 reference.py 文件并导入相关依赖

```
"""
@File: reference.py
@Date: 2024/1/29 19:41
@Desc: 引用 DAO 操作
"""
from src.init.init import global_instance_mysql
from wpylib.util.sql.binding import get_insert_sql, get_select_by_where_sql
```

2. 新增引用函数

新增消息后对应的操作是新增引用。所以，在 reference.py 文件中需要实现新增引用函数，如代码清单 8-13 所示。

代码清单 8-13　新增引用函数

```
def add_reference_list(
    conversation_id: int,
    message_id: int,
    crawl_id_list: list[int]
):
    """
    新增引用列表
```

```python
:param conversation_id: 会话 ID
:param message_id: 消息 ID
:param crawl_id_list: crawl_id 列表
:return:
"""
for crawl_id in crawl_id_list:
    # 生成语句
    insert_query, params = get_insert_sql(
        table="aisearch_conversation_reference",
        data={
            "conversation_id": conversation_id,
            "message_id": message_id,
            "crawl_id": crawl_id,
        }
    )

    # 执行语句
    global_instance_mysql.execute_insert_query(
        query=insert_query,
        params=params
    )
```

3. 获取引用列表函数

为了获取每条消息所对应的所有引用信息，需要实现检索消息的引用列表功能。所以，在 reference.py 文件中需要实现获取引用列表函数，如代码清单 8-14 所示。

代码清单 8-14　获取引用列表函数

```python
def get_reference_list(message_id: int, column_list: list) -> list:
    """
    获取引用列表
    :param message_id: 消息 ID
    :param column_list: 字段列表
    :return: 获取引用列表
    """
    # 生成语句
    select_query, params = get_select_by_where_sql(
        table="aisearch_conversation_reference",
        column_list=column_list,
        where={
            "message_id": message_id,
            "deleted": 0,
        },
        order_by="id"
    )

    # 执行语句
    references = global_instance_mysql.execute_select_query(
        query=select_query,
```

```
            params=params
        )
        return references
```

8.1.4 实现网页内容 DAO 操作

在引用数据中,每条引用都会关联到对应的网页内容数据,而这种关联可通过 crawl_id 字段实现。对于网页内容的 DAO 操作,主要包括新增、获取网页记录内容,以及获取网页内容记录列表等。其中,新增网页内容记录操作会插入或更新一条数据,不仅涉及网页基本信息的管理,还涉及维护访问统计信息,例如命中次数等关键字段。这些操作直接映射到数据库中的 aisearch_crawl 表,以便高效管理引用数据及其相关操作,同时确保网页数据的准确性和实时性。

1. 新建 crawl.py 文件并导入相关依赖

在 dao 目录下新建 crawl.py 文件并导入相关依赖,如代码清单 8-15 所示。

代码清单 8-15　新建 crawl.py 文件并导入相关依赖

```
"""
@File: crawl.py
@Date: 2024/12/10 10:00
@desc: 网页内容 DAO 操作
"""
from typing import Tuple
from src.init.init import global_instance_mysql
from src.core.entity.search_result.result_set_item.web_document import WebDocument
from wpylib.util.sql.binding import get_select_by_where_sql, get_insert_or_
    update_sql
import copy
```

2. 新增网页内容记录函数

当新增一条网页内容记录时,为了更方便描述网页信息、简化操作并提升代码的可读性,可以使用 WebDocument 对象来封装网页的相关信息。通过这种封装方式,只需传递一个文档对象参数即可完成单条网页内容记录的新增操作。在实际应用场景中,如果需要批量插入多条网页内容记录,则可以将单个文档对象参数替换为文档对象列表参数,从而实现批量插入功能。

基于上述实现方式,我们需要在 crawl.py 文件中实现一个新增网页内容记录函数,如代码清单 8-16 所示。

代码清单 8-16　新增网页内容记录函数

```
def add_crawl_record_list(web_document_list: list[WebDocument] = None) ->
    list[int]:
    """
```

```python
新增网页内容记录
:param web_document_list: Web 文档列表
:return: 返回新增的 ID 列表
"""
insert_id_list: list[int] = []

for web_document in web_document_list:
    # 封装插入数据
    insert_data = {
        "doc_id": web_document.get_doc_id(),
        # 网页基本信息
        "title": web_document.get_title(),
        "url": web_document.get_url(),
        "description": web_document.get_description(),
        "icon": web_document.get_icon(),
        "source": web_document.get_source(),
        "source_name": web_document.get_source_name(),
        "content": web_document.get_content(),
    }

    # 封装更新数据（在 Python 程序中，可以使用深复制技术来防止数据污染）
    update_data = copy.deepcopy(insert_data)
    update_data["hit_count +"] = "1"

    # 生成语句
    insert_or_update_query, params = get_insert_or_update_sql(
        table="aisearch_crawl",
        data=insert_data,
        update_data=update_data
    )

    # 执行语句
    insert_id = global_instance_mysql.execute_insert_or_update_query(
        query=insert_or_update_query,
        params=params
    )
    insert_id_list.append(insert_id)

return insert_id_list
```

上述代码执行完成后会返回所有新增记录的 ID 列表。

3. 获取网页内容记录函数

在 AI 搜索的核心逻辑中，读取器会负责读取网页数据。在读取网页之前，需要判断该网页内容是否已经被读取过，以避免重复操作。这一逻辑依赖于 doc_id（即文档 ID），doc_id 用于唯一标识网页记录。基于此需求，我们在 crawl.py 文件中实现获取网页内容记录函数，如代码清单 8-17 所示。

代码清单 8-17　获取网页内容记录函数

```python
def get_crawl_record(doc_id: str) -> Tuple[bool, dict]:
    """
    获取网页内容记录
    :param doc_id: 文档ID
    :return:
    """
    # 生成语句
    select_query, params = get_select_by_where_sql(
        table="aisearch_crawl",
        column_list=["*"],
        where={
            "doc_id": doc_id,
        },
        order_by="id desc",
        limit=1
    )

    # 执行语句
    record_list = global_instance_mysql.execute_select_query(
        query=select_query,
        params=params
    )
    if len(record_list) > 0:
        return True, record_list[0]
    return False, {}
```

执行上述代码后,函数返回了两个值:第一个值是一个布尔值,用于指示记录是否已存在;第二个值是具体的记录数据(如果记录存在),包含该网页的详细信息。这种设计既可以快速判断网页是否已被读取过,又能直接获取对应的记录数据,方便后续处理。

4. 获取网页内容记录列表函数

在实际场景中,除了需要获取单条网页内容记录外,还需要通过传递 crawl_id 列表来批量获取对应的网页内容记录。基于此需求,我们在 crawl.py 文件中实现获取网页内容记录列表函数,如代码清单 8-18 所示。

代码清单 8-18　获取网页内容记录列表函数

```python
def get_crawl_record_list(crawl_id_list: list[str]) -> list:
    """
    获取网页内容记录列表
    :return:crawl_id_list
    """
    if len(crawl_id_list) <= 0:
        return []

    # 生成语句
    select_query, params = get_select_by_where_sql(
```

```
        table="aisearch_crawl",
        column_list=["*"],
        where={
            "id": crawl_id_list,
        },
        order_by="id asc",
    )

    # 执行语句
    record_list = global_instance_mysql.execute_select_query(
        query=select_query,
        params=params
    )
    return record_list
```

8.2 开发 Service 逻辑层

在项目的 src 目录下，我们创建了一个名为 service 的目录，用于实现核心的业务处理逻辑。在该目录下创建 cache 子目录和 predict 子目录，分别用于实现使用缓存中的答案的处理逻辑（即业务代码）和生成预测问题的处理逻辑。

8.2.1 使用缓存中的答案的处理逻辑

在引入答案缓存机制后，当用户提问时，就需要优先从缓存中检索相关答案。如果缓存中存在匹配的答案，则直接取出，并进行多样性处理，以提升回答的质量和自然度。所以在 cache 目录下创建 to_answer.py 文件，主要实现使用缓存中的答案的处理逻辑，如代码清单 8-19 所示。

代码清单 8-19　使用缓存中的答案的处理逻辑

```
"""
@File: to_answer.py
@Date: 2024/1/29 19:41
@Desc: 使用缓存中的答案的逻辑
"""
from src.dao.message import add_message
from wpylib.pkg.langchain.model import Model
from wpylib.util.http import COMMON_HTTP_CODE_SUCCESS
from wpylib.pkg.langchain.chain import make_chain_callbacks
from wpylib.pkg.sse.stream_queue import StreamQueue, NoneQueue
from langchain_core.prompts.chat import SystemMessage, HumanMessage
from src.core.analyzer.analyzer import Analyzer, STREAM_MESSAGE_ANALYZER_RESULT
from src.core.generator.generator import STREAM_MESSAGE_GENERATION, STREAM_\
    MESSAGE_GENERATION_PENDING
from src.init.init import global_config, global_instance_logger, global_\
    instance_localcache, global_instance_milvus
```

```python
system_prompt_template = """
# Role
你是一个智能回答助手
## Context
{answer_from_cache}
## Constrains
- 禁止对用户的问题不作答，即使<Context>中无可参考的信息，也必须根据你自己的理解回答。
- 你的回答必须正确、精准，并使用无偏见且专业的专家语气撰写。
- 禁止在回答中说你参考了<Context>中的信息。
- 请不要在回答中提供与问题无关的信息，也不要重复。
- 请从始至终使用中文回答。
## Workflow
1. 先认真分析用户输入的问题。
2. 判断<Context>内容是否可以作为回答问题时的参考。
3. 如果<Context>内容与问题毫无关系，则自行回答即可。
4. 如果<Context>内容中部分与问题有关，则参考<Context>中相关的内容，回答用户的问题。
## Goal
结合<Context>内容，回答用户的问题。
"""

user_prompt_template = """
## 要求
1. 必须基于<Context>中的答案，按照原格式返回。
2. 允许多样性处理，比如在不改变原意的前提下，对某些句式、词汇进行调整等。
3. ** 禁止 ** 输出"答案"。

## 用户问题
{query}
"""


def answer_by_cache(
        query: str,
        mode: str,
        conversation_id: int,
        messages: list = None,
        queue: StreamQueue = NoneQueue()
) -> bool:
    """
    使用缓存中的答案
    :return:
    """
    # (1) 通过检索向量存储数据库中的问题，可以判断缓存中是否已存在对应的答案
    min_score = 0.92
    answer_list = global_instance_milvus.search(
        collection_name=global_config["milvus"]["collection"]["aisearch_answer"],
        query=query,
        output_fields=["question", "answer"],
        limit=3
    )
    if len(answer_list) <= 0 or answer_list[0]["distance"] < min_score:
```

```python
        return False
    question = answer_list[0]["entity"]["question"]
    answer = answer_list[0]["entity"]["answer"]
    answer_from_cache = f"## 问题 \n{question}\n\n## 回答 \n{answer}\n\n"

    # (2) 开始意图分析
    analyzer_result = Analyzer().analysis_intention_plan(
        query=query,
        messages=messages,
        queue=queue
    )

    # (3) 发送意图分析结果
    queue.send_message(
        type_str=STREAM_MESSAGE_ANALYZER_RESULT,
        item={
            "result": analyzer_result,
            "content": f" 正在推理与规划中,已为你生成最佳规划,具体规划如下:{analyzer_
                result['thought']}"
        }
    )

    # (4) 准备输出的过程
    queue.send_message(type_str=STREAM_MESSAGE_GENERATION_PENDING,
        item={"content": ""})
    global_instance_logger.log_info("aisearch answer_from_cache", {"answer_
        from_cache": answer_from_cache})

    # (5) 调用模型,来丰富答案的多样性
    model_config = global_config["model"]["provider"]["deepseek_chat"]
    model = Model(model_type=model_config["model_type"], model_config=model_
        config)
    enrich_answer_generator = model.stream(
        langchain_input=[
            # 系统消息
            SystemMessage(system_prompt_template.format(answer_from_
                cache=answer_from_cache)),
            # 加入当前用户提问
            HumanMessage(user_prompt_template.format(query=query))
        ],
        config={
            "callbacks": make_chain_callbacks(
                langfuse_config=global_config["langfuse"],
                log_id=global_instance_localcache.get_log_id()
            )
        },
    )

    # (6) 拼接和输出答案
    enrich_answer = ""
    for item in enrich_answer_generator:
```

```
            enrich_answer += item.content
            queue.send_message(type_str=STREAM_MESSAGE_GENERATION,
                item={"content": item.content})

    # (7) 保存消息
    message_id = add_message(
        conversation_id=conversation_id,
        query=query,
        answer=enrich_answer
    )

    # (8) 至此，输出过程结束
    end_data = {
        "code": COMMON_HTTP_CODE_SUCCESS,
        "conversation_id": conversation_id,
        "message_id": message_id,
        "mode": mode,
    }
    queue.send_message_end(data=end_data)
    return True
```

8.2.2 生成预测问题的处理逻辑

我们在 src/service/predict/predict.py 文件中需要实现生成预测问题的处理逻辑，如代码清单 8-20 所示。

代码清单 8-20　生成预测问题的处理逻辑

```
"""
@File: predict.py
@Date: 2024/1/29 19:41
@Desc: 生成预测问题的逻辑
"""
from wpylib.pkg.langchain.model import Model
from src.dao.message import get_message_list
from wpylib.util.x.xjson import extract_first_json
from wpylib.pkg.langchain.history import make_conversation_history
from src.init.init import global_config, global_instance_localcache
from wpylib.pkg.langchain.prompt import create_chat_prompt_by_messages
from wpylib.pkg.langchain.chain import create_chain, make_chain_callbacks
from langchain_core.prompts.chat import SystemMessage, HumanMessagePromptTemplate


def gen_predict_questions(conversation_id: int):
    """
    生成预测问题
    :param conversation_id: 会话 ID
    :return:
    """
    system_prompt = """
    # 角色
```

```
你是一个 AI 智能预测助手，你可以精准地预测用户下次的提问。
## 要求
1. 预测的问题长度不要超过 25 个字。
2. 返回结构如下：
```json
{
    "questions": [
        ""
    ]
}
```
工作流
1. 先认真读取用户给你的 <ConversationHistory></ConversationHistory> 会话历史。
2. 预测用户下一次可能会提问的问题。
3. 按照要求返回。
目标
通过分析用户给你的对话历史，分析用户下一次可能会提问的问题。
"""

# 创建大模型
model_config = global_config["model"]["provider"]["deepseek_chat"]
model = Model(model_type=model_config["model_type"], model_config=model_config)
prompt = create_chat_prompt_by_messages(messages=[
    SystemMessage(content=system_prompt),
    HumanMessagePromptTemplate.from_template("{input}"),
])
chain = create_chain(
    model=model.get_raw_model(),
    prompt=prompt,
)

# 调用大模型生成总结结果
questions = []
messages = get_message_list(where={"conversation_id": conversation_id,
    "deleted": 0})
user_prompt = make_conversation_history(messages=messages,only_user=True)
llm_invoke = chain.invoke(
    input=user_prompt,
    config={
        "callbacks": make_chain_callbacks(
            langfuse_config=global_config["langfuse"],
            log_id=global_instance_localcache.get_log_id()
)
    }
)
llm_result = extract_first_json(llm_invoke["text"])
if "questions" in llm_result:
    questions = llm_result["questions"]

返回预测的问题
return questions
```

8.3 开发 Controller 接口层

在业务逻辑开发完成后,下一步就是实现用户层的功能接口,主要包括统一接口注册、开发请求中间件与实现不同接口的业务代码。

8.3.1 统一接口注册

在 src/api/register.py 文件中实现统一接口注册,如代码清单 8-21 所示。

代码清单 8-21　统一接口注册

```python
"""
@File: register.py
@Date: 2024/6/13 10:20
@desc: 统一接口注册
"""
import traceback
from flask import request, jsonify
from wpylib.util.http import resp_error
from src.controller.search.search import search_sse
from src.controller.history.get import search_history_get
from src.controller.history.list import search_history_list
from src.controller.history.delete import search_history_delete
from src.controller.search.predict import predict_questions
from src.init.init import global_instance_flask, global_instance_logger


# 通过装饰器为 Flask 应用定义一个全局异常处理函数,捕获所有异常并进行统一响应处理
@global_instance_flask.get_instance_app().errorhandler(Exception)
def error_handler(e):
    """
    全局异常捕获
    """
    request_base_url = request.base_url

    if request_base_url.endswith("/api") or request_base_url.endswith("/api/"):
        return jsonify({
            "data": "ok",
        })

    if request_base_url.endswith("/favicon.ico") or request_base_url.\
            endswith("/favicon.ico/"):
        return jsonify({
            "data": "ok",
        })

    # 非根路径的请求
    global_instance_logger.log_error(
        msg="aisearch error_handler",
        biz_data={
```

```
            "exception": traceback.format_exc(),
            "exception_msg": f"{e!r}",
            "request_base_url": request_base_url,
        }
    )
    return resp_error(data={"exception": f"{e!r}"})


def register():
    """
    注册接口
    注意，访问地址必须和配置的路由一样，如果最后没有配置"/"分隔符，则访问的时候也不要加
    """
    # 1. 获取全局 Flask 实例
    app = global_instance_flask.get_instance_app()

    # 2. 注册接口
    app.add_url_rule(
        '/api/search/history/get', view_func=search_history_get, methods=['GET']
    )
    app.add_url_rule(
        '/api/search/history/list', view_func=search_history_list, methods=['GET']
    )
    app.add_url_rule(
        '/api/search/history/delete', view_func=search_history_delete,
            methods=['POST']
    )
    app.add_url_rule(
        '/api/search_sse', view_func=search_sse, methods=['GET']
    )
    app.add_url_rule(
        '/api/search/predict_questions', view_func=predict_questions,
            methods=['GET']
    )
```

在上述代码中，除了需要注册所有业务接口外，还需要配置全局错误回调机制。通过统一的错误处理方式可以确保实时捕获并处理在调用接口的过程中可能出现的错误和异常，从而提高系统的稳定性和用户体验。

8.3.2 开发请求中间件

中间件是接口在 HTTP 请求过程中进行前置或后置处理的组件，它无须侵入核心业务逻辑，且能够复用通用功能。当接口需要进行统一的账号验证、参数处理等操作时，中间件是一个最佳的选择。

1. 访问中间件

在 src/api/middleware/access.py 文件中实现访问中间件的功能，如代码清单 8-22 所示。

代码清单 8-22　访问中间件

```python
"""
@File: access.py
@Date: 2024/1/13 14:07
@desc: 访问中间件
"""
from functools import wraps
from flask import request, g
from wpylib.util.encry import gen_random_md5
from wpylib.util.http import get_params, get_headers
from src.init.init import global_instance_localcache, global_instance_logger


def access_middleware(func):
    """
    访问中间件
    :param func: 被装饰的函数
    """

    @wraps(func)
    def wrapper(*args, **kwargs):
        """
        注解 wrapper
        """
        # 请求参数处理
        url_params, post_params = get_params()

        # 生成 Log_id
        # Log_id 由上层服务生成，比如网关为每个请求附加一个唯一的 log_id
        log_id = get_headers("x-logid")
        if log_id == "":
            log_id = gen_random_md5()
        global_instance_localcache.set_log_id(log_id)

        # 记录日志
        global_instance_logger.log_info(msg="access_middleware", biz_data={
            "msg": "access_middleware",
            "post_params": post_params,
            "url_params": url_params,
            "url": request.url,
            "headers": request.headers,
            "log_id": log_id,
        })

        # 获取启动信息
        if "context_data" not in g:
            g.context_data = {}
        g.context_data["start_info"] = {
            "log_id": log_id
        }
```

```
        return func(*args, **kwargs)

    return wrapper
```

2. 登录检查中间件

在 src/api/middleware/check_login.py 文件中实现登录检查中间件的功能,如代码清单 8-23 所示。

代码清单 8-23　登录检查中间件

```
"""
@File: check_login.py
@Date: 2024/1/13 14:07
@desc: 登录检查中间件
"""
from functools import wraps
from flask import request, g
from src.init.init import global_instance_localcache


def check_login_middleware(func):
    """
    登录检查中间件
    """

    @wraps(func)
    def wrapper(*args, **kwargs):
        """
        注解 wrapper
        """

        # 代码略

        # 登录成功
        user = {"userId": 99}
        if "context_data" not in g:
            g.context_data = {}
        g.context_data["login_info"] = user
        g.context_data["login_info"]["user_id"] = user["userId"]
        g.context_data["login_info"]["userid"] = user["userId"]
        g.context_data["login_info"]["userId"] = user["userId"]
        global_instance_localcache.set_user_id(user["userId"])

        # 拦截当前请求,直接传递给后续的业务代码
        return func(*args, **kwargs)

    return wrapper
```

8.3.3 开发会话记录列表接口

会话记录列表接口用于获取用户的历史会话记录,使用户可以更流畅地浏览和管理自己的会话历史。由于数据量可能较大,为了提高查询效率并优化用户体验,因此该接口采用分页加载的方式。我们在 src/controller/history/list.py 文件中实现会话记录列表接口,如代码清单 8-24 所示。

代码清单 8-24　实现会话记录列表接口

```
"""
@File: list.py
@Date: 2024/12/10 10:00
@desc: 会话记录列表接口
"""
from flask import g
from flask_wtf import FlaskForm
from wpylib.util.http import resp_page_success
from wtforms.fields.numeric import IntegerField
from src.api.middleware.access import access_middleware
from src.api.middleware.check_login import check_login_middleware
from wpylib.middleware.validate_get_params import validate_get_params_middleware
from src.dao.conversation import get_conversation_count, get_pagination_
    conversation_list


class Form(FlaskForm):
    """
    接口表单验证
    """
    pg = IntegerField("pg", default=1)
    pz = IntegerField("pz", default=20)


@access_middleware
@check_login_middleware
@validate_get_params_middleware(Form)
def search_history_list():
    """
    会话记录列表
    """
    context_data = g.context_data
    arg_info = context_data["arg_info"]
    pg = arg_info.get("pg", 1)
    pz = arg_info.get("pz", 20)
    if pg <= 0 or pz <= 0:
        raise RuntimeError("参数错误")
    user = context_data["login_info"]
    user_id = user["user_id"]
```

```python
# 获取会话总数量
total = get_conversation_count(user_id=user_id)

# 分页获取会话
conversations = get_pagination_conversation_list(user_id=user_id, pg=pg, pz=pz)
if not conversations:
    return resp_page_success([], pg, pz, total)

# 封装返回结果
for index, item in enumerate(conversations):
    conversations[index]["create_time"] = str(conversations[index]
        ["create_time"])
    conversations[index]["update_time"] = str(conversations[index]
        ["update_time"])
return resp_page_success(conversations, pg, pz, total)
```

8.3.4 开发会话操作接口

会话操作主要包括查看和管理聊天记录，用户可以查询指定会话的所有历史消息，并获取详细的会话内容。

1. 查询会话接口

在 src/controller/history/get.py 文件中实现查询会话接口，如代码清单 8-25 所示。

代码清单 8-25　查询会话接口

```python
"""
@File: get.py
@Date: 2024/12/10 10:00
@desc: 查询会话接口
"""
from flask import g
from flask_wtf import FlaskForm
from wtforms.validators import DataRequired
from wpylib.util.http import resp_page_success
from wtforms.fields.numeric import IntegerField
from src.dao.crawl import get_crawl_record_list
from src.dao.reference import get_reference_list
from src.dao.conversation import get_conversation
from src.api.middleware.access import access_middleware
from src.api.middleware.check_login import check_login_middleware
from src.dao.message import get_pagination_message_list, get_message_count
from wpylib.middleware.validate_get_params import validate_get_params_middleware


class Form(FlaskForm):
    """
    接口表单验证
    """
    id = IntegerField("id", validators=[DataRequired()])
```

```python
    pg = IntegerField("pg", default=1)
    pz = IntegerField("pz", default=20)


@access_middleware
@check_login_middleware
@validate_get_params_middleware(Form)
def search_history_get():
    """
    查看会话接口
    """
    # 参数处理
    context_data = g.context_data
    arg_info = context_data["arg_info"]
    conversation_id = arg_info["id"]
    pg = arg_info.get("pg", 1)
    pz = arg_info.get("pz", 20)
    if pg <= 0 or pz <= 0:
        raise RuntimeError("参数错误")

    # 获取会话记录
    conversation_record = get_conversation(conversation_id=conversation_id)

    # 获取当前页的消息列表
    messages = get_pagination_message_list(conversation_id=conversation_id,
        pg=pg, pz=pz)

    # 获取消息总数量
    total = get_message_count(conversation_id=conversation_id)

    # 封装结果集
    resp = []
    for message in messages:
        # 每一次对话的信息
        item = {
            "message_id": message["id"],
            "conversation_id": message["conversation_id"],
            "mode": conversation_record["mode"],
            "query": message["query"],
            "answer": message["answer"],
            "create_time": str(message["create_time"]),
            "update_time": str(message["update_time"]),
            "references": [],
        }

        # 获取网页内容记录
        reference_list = get_reference_list(message_id=message["id"], column_
            list=["crawl_id"])
        crawl_id_list=[reference["crawl_id"]for reference in reference_list]
        crawl_record_list = get_crawl_record_list(crawl_id_list=crawl_id_list)
```

```python
            if len(crawl_record_list) <= 0:
                resp.append(item)
                continue

            # 添加引用
            for crawl_record in crawl_record_list:
                item["references"].append({
                    "title": crawl_record["title"],
                    "description": crawl_record["description"],
                    "icon": crawl_record["icon"],
                    "url": crawl_record["url"],
                    "source": crawl_record["source"],
                    "source_name": crawl_record["source_name"],
                })
            resp.append(item)
        return resp_page_success(resp, pg, pz, total)
```

2. 删除会话接口

因为会话列表中的会话记录数量较多，所以在 src/controller/history/delete.py 文件中提供了删除功能，方便用户管理会话，只保留重要的会话内容。在该文件中实现删除会话接口，如代码清单 8-26 所示。

代码清单 8-26　删除会话接口

```python
"""
@File: delete.py
@Date: 2024/12/10 10:00
@desc：删除会话接口
"""
from flask import g
from flask_wtf import FlaskForm
from wpylib.util.http import resp_success
from wtforms.validators import DataRequired
from wtforms.fields.numeric import IntegerField
from src.api.middleware.access import access_middleware
from src.api.middleware.check_login import check_login_middleware
from src.dao.conversation import get_conversation, delete_conversation
from wpylib.middleware.validate_post_params import validate_post_params_middleware


class Form(FlaskForm):
    """
    接口表单验证
    """
    id = IntegerField("id", validators=[DataRequired()])


@access_middleware
@check_login_middleware
```

```python
@validate_post_params_middleware(Form)
def search_history_delete():
    """
    在主页（左侧）添加删除历史会话记录按钮
    """
    # 参数处理
    context_data = g.context_data
    form_info = context_data["form_info"]
    conversation_id = form_info["id"]

    # 判断记录是否存在
    conversation_record = get_conversation(conversation_id=conversation_id)
    if not conversation_record:
        raise RuntimeError(" 记录不存在 ")

    # 删除记录
    delete_conversation(conversation_id=conversation_id)
    return resp_success({})
```

8.3.5 开发流式问答接口

src/controller/search/search.py 文件定义了 AI 搜索中核心的流式问答接口，它接收用户的输入，在经过相应的逻辑处理后，把答案以流式的方式返回给前端，最后完成数据表的数据写入操作。流式问答接口的实现如代码清单 8-27 所示。

代码清单 8-27　流式问答接口的实现

```python
"""
@File: search.py
@Date: 2024/12/10 10:00
"""
from flask import Response, g
from flask_wtf import FlaskForm
from src.core.filter.crawl.crawl import Crawl
from wtforms import IntegerField, StringField
from src.core.analyzer.analyzer import Analyzer
from src.dao.reference import add_reference_list
from src.init.init import global_instance_logger
from src.core.filter.remove.remove import Remove
from src.core.filter.rerank.rerank import Rerank
from src.work.scheduler.scheduler import Scheduler
from wpylib.pkg.sse.stream_queue import StreamQueue
from src.dao.conversation import create_conversation
from src.init.init import global_instance_localcache
from wtforms.validators import DataRequired, Optional
from src.service.cache.to_answer import answer_by_cache
from src.api.middleware.access import access_middleware
from src.dao.message import get_message_list, add_message
from src.core.generator.generator import STREAM_MESSAGE_REFERENCE
```

```python
from src.api.middleware.check_login import check_login_middleware
from wpylib.pkg.sse.stream_response import StreamResponseGenerator
from src.core.entity.search_result.search_result import SearchResult
from wpylib.middleware.validate_get_params import validate_get_params_middleware
from wpylib.util.http import COMMON_HTTP_CODE_PARAMS_ERROR, COMMON_HTTP_CODE_\
    SYS_ERROR, \
    COMMON_HTTP_CODE_SUCCESS, COMMON_HTTP_CODE_MSG_MAP


class Form(FlaskForm):
    """
    接口表单验证
    """
    query = StringField("query", validators=[DataRequired()])
    mode = StringField("mode", validators=[Optional()], default="simple")
    conversation_id = IntegerField("conversation_id", validators=[Optional()],
        default=0)


@access_middleware
@check_login_middleware
@validate_get_params_middleware(Form)
def search_sse():
    """
    开始搜索
    """
    context_data = g.context_data
    log_id = global_instance_localcache.get_log_id()

    def process(queue: StreamQueue):
        """
        核心处理逻辑
        :param queue:
        :return:
        """
        # (1) 同步 log_id
        # 因为这是一个子线程，和外部接口的主线程不在同一个线程中，所以必须在这里先同步一下 log_id
        global_instance_localcache.set_log_id(log_id)

        # (2) 获取请求上下文
        nonlocal context_data
        user_id = context_data["login_info"]["user_id"]

        # (3) 获取请求数据
        arg_info = context_data["arg_info"]
        query = arg_info["query"].strip()
        mode = arg_info["mode"]
        if mode not in ["simple", "professional"]:
            mode = "simple"
        conversation_id = arg_info["conversation_id"]
```

```python
    if len(query) <= 0 or len(query) > 100:
        queue.send_message_end(data={
            "code": COMMON_HTTP_CODE_PARAMS_ERROR,
            "data": {"query": query},
            "msg": " 提问仅限 100 字以内哦 "
        })
        return

    # (4) 获取当前会话的上下文
    messages = []
    if conversation_id > 0:
        messages = get_message_list(where={
            "conversation_id": conversation_id, "deleted": 0
        })
    else:
        conversation_id = create_conversation(user_id=user_id,
            query=query, mode=mode)

    # (5) 使用缓存中的答案回答
    if answer_by_cache(
            query=query, mode=mode, conversation_id=conversation_id,
                messages=messages, queue=queue
    ):
        return

    # (6) 开始重新回答
    try:
        # - 意图分析与规划
        plan = Analyzer().analysis(query=query, mode=mode,
            messages=messages, queue=queue)
        # - 规划的执行
        schedule_result = Scheduler().schedule(
            plan=plan,
            messages=messages,
            queue=queue,
            filter_list=[Crawl(), Remove(), Rerank()],
        )
        # - 结束
        search_result = SearchResult(
            plan=schedule_result.get_plan(),
            result_set=schedule_result.get_result_set(),
            outcome=schedule_result.get_outcome(),
        )
    except Exception as e:
        global_instance_logger.log_error("search exception", {"e": e,
            "query": query})
        queue.send_message_end(data={
            "code": COMMON_HTTP_CODE_SYS_ERROR,
            "msg": COMMON_HTTP_CODE_MSG_MAP[COMMON_HTTP_CODE_SYS_ERROR]
        })
```

```
            return

    # (7) 发送引用消息
    queue.send_message(type_str=STREAM_MESSAGE_REFERENCE, item={
        "list": [
            {
                "id": doc.get_doc_index(),
                "name": doc.get_title(),
                "url": doc.get_url(),
                "snippet": doc.get_description(),
            }
            for doc in search_result.get_result_set().get_web_document_list()
        ]
    })

    # (8) 会话与引用记录的保存
    # - 保存聊天对话
    message_id = add_message(
        conversation_id=conversation_id,
        query=query,
        answer=search_result.get_outcome().get_content()
    )
    # - 保存引用记录
    add_reference_list(
        conversation_id=conversation_id,
        message_id=message_id,
        crawl_id_list=search_result.get_result_set().get_crawl_id_list()
    )

    # (9) 至此，流式搜索接口响应完成，发送结束信息通知前端流程
    queue.send_message_end(data={
        "code": COMMON_HTTP_CODE_SUCCESS,
        "conversation_id": conversation_id,
        "message_id": message_id,
        "mode": mode,
        "answer_content": search_result.get_outcome().get_content(),
    })

return Response(StreamResponseGenerator(process), mimetype="text/event-stream")
```

8.3.6 开发预测问题接口

在 src/controller/search/predict.py 文件中定义了预测问题接口。根据当前会话的消息上下文可智能预测可能的后续问题，帮助用户快速获取关键信息，使对话更加流畅和智能化。预测问题接口的实现如代码清单 8-28 所示。

代码清单 8-28 预测问题接口的实现

```
"""
@File: predict.py
```

```python
@Date: 2024/12/10 10:00
@desc: 预测问题接口
"""
from flask import g
from flask_wtf import FlaskForm
from wtforms import IntegerField
from wtforms.validators import Optional
from wpylib.util.http import resp_success
from src.api.middleware.access import access_middleware
from src.service.predict.predict import gen_predict_questions
from src.api.middleware.check_login import check_login_middleware
from wpylib.middleware.validate_get_params import validate_get_params_middleware


class Form(FlaskForm):
    """
    接口表单验证
    """
    conversation_id = IntegerField("conversation_id", validators=[Optional()],
        default=0)


@access_middleware
@check_login_middleware
@validate_get_params_middleware(Form)
def predict_questions():
    """
    搜索
    """
    # 获取上下文数据
    context_data = g.context_data

    # 获取请求数据
    arg_info = context_data["arg_info"]
    conversation_id = arg_info["conversation_id"]
    if not conversation_id or conversation_id < 1:
        # 结果响应
        return resp_success({
            "questions": []
        })

    # 生成预测问题
    gen_questions = gen_predict_questions(conversation_id=conversation_id)

    # 封装问题列表
    question_list = []
    for index, item in enumerate(gen_questions):
        question_list.append({
            "question": item,
            "id": index + 1
        })
```

```
    # 结果响应
    return resp_success({
        "questions": question_list
    })
```

8.4　AI 搜索应用场景测试

本节将用 3 个 AI 搜索应用场景测试实际效果。

8.4.1　私人问答方向

我们将向 AI 搜索应用提出以下问题，并将相应的内容输入其中进行测试。

输入：如何正确面对压力

之后，我们先看一下 AI 搜索应用会如何思考这个问题。

输出：嗯，你向我询问正确面对压力的方法。考虑到应对压力需要多方面的策略，首先我会联网搜索并解释压力产生的原因，让你对压力的来源有清晰的认知。接着联网搜索并输出应对压力的心理调适方法，比如如何调整心态。然后联网搜索并介绍一些通过生活方式改变来应对压力的途径，像运动、饮食等方面。之后联网搜索并给出一些时间管理和任务规划方面应对压力的技巧。最后我会总结这些方法，强调综合运用的重要性。

AI 搜索应用在思考后，生成的规划结果如代码清单 8-29 所示。

代码清单 8-29　规划结果

```
{
    "plan": [
        {
            "type": "search_web_and_output",
            "keyword": "压力产生的原因",
            "part": "压力来源分析"
        },
        {
            "type": "search_web_and_output",
            "keyword": "应对压力的心理调适方法",
            "part": "心理调适"
        },
        {
            "type": "search_web_and_output",
            "keyword": "通过生活方式改变应对压力的途径",
            "part": "生活方式调整"
        },
        {
            "type": "search_web_and_output",
            "keyword": "时间管理和任务规划应对压力的技巧",
            "part": "时间与任务管理"
        },
```

```
            {
                "type": "output",
                "part": "总结与强调"
            },
            {
                "type": "end"
            }
        ],
        "intention": "method"
}
```

最后,我们再看一下 AI 搜索应用会如何输出。

输出:
压力来源分析
1. **环境改变**:包括外部(如荒野遇猛兽、领导挑剔、父母严厉、价格波动)与内部(身体不适、遗憾痛心、担心风险)两种改变。
2. **改变负面性**:正面变化让人愉悦,负面变化才可能让人产生压力。
3. **大脑感知**:负面信息触及大脑,激发负面情绪,改变对未来的预期。

应对压力的方法
1. **合理规划时间**:设定优先级,合理分配时间。
2. **建立良好的人际关系**:与他人保持良好的沟通合作关系。
3. **调整心态**:积极面对,改变消极心态。
4. **寻求支持**:向家人、朋友或专业人士求助。
5. **运用放松技巧**:如深呼吸、冥想等。

心理调适
1. **认识压力的积极意义**:压力并非只有负面,人在压力下会成长和进步,如"鲶鱼效应"表明适度压力对个体有利。
2. **关注情绪变化**:留意自身情绪,通过情绪调节及改变认知、建立新思维模式等手段保持内心平衡,缓解压力。

生活方式调整
- **运动**:适当运动可释放压力荷尔蒙,如散步、跑步、瑜伽等。
- **睡眠**:保证充足睡眠,利于身体和大脑恢复,增强抗压能力。
- **饮食**:均衡饮食,摄入富含营养的食物,避免高糖、高脂肪、高盐食物。

时间与任务管理
1. **制定计划**:将工作任务按重要和紧急程度排序,制定每日、每周计划,明确任务优先级,避免任务堆积带来压力。
2. **合理分配时间**:给每个任务设定合理时间,防止在单个任务上耗时过长,导致其他任务积压。
3. **分解任务**:大任务拆分成小步骤,逐步完成,降低任务难度和压力感。

总结
- **认识压力**:压力的产生源于环境的变化,个体对负面性的评估及大脑的感知过程,同时压力也具有积极意义,如"鲶鱼效应"表明适度压力可促进成长。
- **应对方法**:合理规划时间,建立良好人际关系,调整心态,寻求支持,运用深呼吸等放松技巧。
强调
正确面对压力需从认知上理解其本质与作用,行动上采用多种有效应对策略,维护身心健康。

8.4.2 写作创作方向

我们将向 AI 搜索提出以下问题，并将相应的内容输入其中进行测试。

输入：生成一份上海三日游的攻略

之后，我们先看一下 AI 搜索会如何思考这个问题。

输出：嗯，你想要一份上海三日游的攻略，我需要分步骤规划行程。首先，我会联网搜索并输出第一天的景点推荐及游玩顺序。接着，同样联网搜索并输出第二天的行程安排。然后，联网搜索并输出第三天的游玩攻略。之后，对每日的交通、美食等相关信息进行联网搜索并输出。

AI 搜索在思考后，生成的规划结果如代码清单 8-30 所示。

代码清单 8-30　规划结果

```
{
    "plan": [
        {
            "type": "search_web_and_output",
            "keyword": "上海三日游第一天景点推荐及游玩顺序",
            "part": "第一天行程"
        },
        {
            "type": "search_web_and_output",
            "keyword": "上海三日游第二天景点推荐及游玩顺序",
            "part": "第二天行程"
        },
        {
            "type": "search_web_and_output",
            "keyword": "上海三日游第三天景点推荐及游玩顺序",
            "part": "第三天行程"
        },
        {
            "type": "search_web_and_output",
            "keyword": "上海三日游每日交通及美食信息",
            "part": "交通美食信息"
        },
        {
            "type": "end"
        }
    ],
    "intention": "method"
}
```

最后，我们再看一下 AI 搜索会如何输出。

输出：
第一天行程
上午：前往外滩，欣赏多国风格的建筑博览群与黄浦江风光。
中午：在外滩附近餐厅品尝上海本帮菜。
下午：逛南京路步行街，感受繁华的商业氛围。

晚上：于外滩或陆家嘴欣赏璀璨夜景。

第二天行程
上午：参观上海博物馆，领略丰富文物藏品。
中午：在博物馆周边就餐，尝试特色美食。
下午：前往豫园，观赏江南古典园林景致。
晚上：在豫园附近的城隍庙品尝小吃，感受传统风情。

第三天行程
上午：前往东方明珠广播电视塔，俯瞰上海全景。
中午：在附近选择餐厅用餐，体验多样美食。
下午：参观上海科技馆，感受科技魅力。
晚上：在周边享用晚餐后，结束愉快的上海三日游。

交通美食信息
- **交通**：上海公共交通发达，地铁可抵达多数景点。可下载"Metro大都会"App扫码乘车，也有公交、出租车、共享单车等出行方式。
- **美食**：上海本帮菜推荐红烧肉、响油鳝糊等。小吃有生煎包、排骨年糕、蟹壳黄等。外滩、南京路、豫园、城隍庙等地都有众多餐厅和小吃摊可品尝美食。

8.4.3 学术研究方向

我们将向 AI 搜索应用提出以下问题，并将相应的内容输入其中进行测试。

输入：生态环境保护措施及案例

之后，我们先看一下 AI 搜索应用会如何思考这个问题。

输出：嗯，你想了解生态环境保护措施及案例，我先联网搜索常见的生态环境保护措施并输出，让你对措施类别有整体认识。接着，针对每类措施，联网搜索并输出对应的实际案例，以便让你有更直观的理解。最后，对这些措施和案例进行总结。

AI 搜索在思考后，生成的规划结果如代码清单 8-31 所示。

代码清单 8-31　规划结果

```
{
    "plan": [
        {
            "type": "search_web_and_output",
            "keyword": "常见的生态环境保护措施",
            "part": "生态环境保护措施介绍"
        },
        {
            "type": "search_web_and_output",
            "keyword": "各类生态环境保护措施对应的案例",
            "part": "生态环境保护案例介绍"
        },
        {
            "type": "output",
            "part": "总结"
        },
```

```
            {
                "type": "end"
            }
        ],
        "intention": "summary"
}
```

最后,我们看一下 AI 搜索会如何输出。

输出:
生态环境保护措施介绍
- **措施**:
    - **污染治理**:加强工业废水、废气处理,如安装脱硫、脱硝设备来减少大气污染物的排放。
    - **资源保护**:划定自然保护区,保护野生动植物栖息地;推行节水、节材措施。
    - **生态修复**:对矿山、湿地等受损生态系统进行修复,如矿山复绿、湿地重建。
- **案例**:
    - **塞罕坝**:通过植树造林,将荒原变为林海,改善生态环境,提升碳汇能力。
    - **库布齐沙漠**:采用多种治沙技术,实现沙漠变绿洲,发展沙产业,带动经济与生态双赢。

生态环境保护案例介绍
生态环境保护措施众多,以下列举一些常见措施及案例:
- **植树造林**:塞罕坝林场,通过三代人持续植树造林,将荒原变为林海,有效改善生态环境,防风固沙。
- **湿地保护**:鄱阳湖湿地,建立保护区,加强监管,为众多候鸟提供栖息地,维护了生物的多样性。
- **污染治理**:太湖流域,通过控源截污、生态修复等措施治理水污染,改善水质。

总结
常见的生态环境保护措施有建立自然保护区、推行节能减排、加强污染治理等。案例如塞罕坝林场,通过植树造林,从荒原变绿洲,有效改善生态环境;还有太湖治理,通过控源截污等措施,提升了湖水的水质。

推荐阅读

RAG实践权威指南：构建精准、高效大模型之道

ISBN：978-7-111-78179-0

推荐理由：

1）华大生命科学研究院资深NLP专家撰写，带你从零构建企业级RAG系统。
2）提供RAG技术落地的完整思路与清晰方法论，深入原理、核心组件、工程实现以及优化细节。

大模型应用开发：核心技术与领域实践

ISBN：978-7-111-76975-0

推荐理由：

1）由科大讯飞与中国科大的大模型资深专家联合撰写，一本书打通大模型的技术原理与应用实践壁垒
2）深入大模型3步工作流程，详解模型微调、对齐优化、提示工程等核心技术及不同场景的微调方案，全流程讲解6个典型场景的应用开发实践